Best frie

베스트 프렌즈

베스트 프렌즈 싱가포르

박진주 지음

중앙books

저자 소개

박진주

일찌감치 동남아의 묘한 매력에 빠져 골목골목 누비고 다녔다. 짧게 가는 여행에 목마름만 더해져 하던 일을 그만두고 본격적으로 여행을 다니기 시작했고 이제 좋아하는 여행을 업으로 삼는 행운까지 얻게 되었다. 여행과 사진을 사랑해 현재는 해외 곳곳을 발로 뛰며 사진을 찍고 글을 쓰고 있다. 여행지에서 맞는 아침, 낯선 골목길 탐험, 뜨거운 태양 아래서 마시는 시원한 맥주 한잔이 그를 가장 행복하게 한다고. 'No Travel, No Life!' 를 외치며 오늘도 열심히 여행 계획 중!

주요 저서 『시크릿, 타이베이』, 『서울, 단골가게』, 『발리 100배 즐기기』, 『말레이시아 100배 즐기기』, 『필리핀 100배 즐기기』 홈페이지 www.LetterFromLeely.com 이메일 l_b_v@naver.com

일러두기

지역 소개 및 구성상의 특징

이 책은 싱가포르 핵심 지역 12곳과 싱가포르 주변국 4곳의 최신 여행 정보를 담고 있습니다. 싱가포르를 처음 찾는 초보 여행자나, 한정된 시간에 무엇을 하고 즐겨야 할지 고민인 여행자라면 핵심 여행 정보만을 엄선해 담은 '싱가포르 미리보기' 파트를 먼저 읽으면 도움이 됩니다. 또한 지역별 여행 정보 파트로 자세히 들어가면 싱가포르를 대표하는 상징이자 핵심 관광 도시 마리나 베이, 화려한 쇼핑의 메카 오차드 로드, 세계적인 테마파크가 있는 센토사, 다민족 문화가 살아 숨 쉬는 차이나타운, 나이트라이프의 중심지 리버사이드 등 세부 지역별로 가는 방법·볼거리·즐길 거리·레스토랑·쇼핑 등의 정보를 상세히 확인할 수 있습니다.

지도에 사용한 기호

MRT 역	버스 터미널	모노레일 역	비치 트램	페리 터미널	Ⓓ MRT 출구 번호	● 관광 명소
Ⓢ 쇼핑	Ⓡ 레스토랑	Ⓒ 카페	Ⓜ 마사지	Ⓝ 나이트라이프	Ⓗ 숙박	ⓘ 관광안내소

CONTENTS 싱가포르

❷ 싱가포르 대표 테마파크 탐방하기 세계 최초의 야간 개장 동물원인 나이트 사파리는 울타리 없이 신비로운 동물의 세계를 엿볼 수 있고, 어트랙션의 천국 센토사는 활동적인 여행자라면 반드시 가봐야 할 섬으로 아시아에서는 두 번째로 유니버설 스튜디오까지 상륙해 인기가 나날이 높아지고 있다.
❸ 쇼핑 천국, 오차드 로드와 하지 레인에서 쇼핑 즐기기 싱가포르의 대표적인 쇼핑몰로는 오차드 로드, 아이온, 파라곤, 만다린 갤러리 등을 꼽을 수 있다. 독특한 스타일을 찾는 트렌드세터라면 하지 레인을 주목하자.

❶싱가포르의 아이콘들 만나기

싱가포르에 대해 잘 모르는 사람이라도 '싱가포르' 하면 떠오르는 아이콘들이 있을 것이다.
멀라이언 파크에서 입에서 물을 뿜는 멀라이언과 함께 사진을 찍고
그 앞에 위풍당당하게 서 있는 마리나 베이 샌즈를 들르는 일은 빼놓을 수 없다.

❹ 싱가포르 속 또 다른 나라, 다민족 문화 즐기기 중국인을 비롯해 말레이시아·인도·서양인들까지 다채로운 민족이 조화를 이루며 살고 있는 싱가포르는 차이나타운, 아랍 스트리트, 리틀 인디아, 홀랜드 빌리지 등에서 다민족 문화를 경험할 수 있다.

❺ 2층 버스 타고 싱가포르 유랑하기 오픈된 구조로 된 2층 버스를 타면 달리다가 원하는 목적지에서 자유롭게 내리고 탈 수 있다. 3가지 종류의 노선이 주요 관광지를 순환하므로 효과적으로 편리하게 관광을 즐길 수 있다.

❻ 화려한 싱가포르의 나이트, 루프탑 바 & 라운지 바에서 야경 즐기기 탁 트인 공간에서 싱가포르의 야경을 파노라마로 내려다볼 수 있는 유명한 루프탑 바들이 많아서 밤이 되면 더욱 즐겁다. 대표적으로 마리나 베이 샌즈 정상에 위치한 세라비, 장애물 없이 360도로 전망을 내려다볼 수 있는 레벨 33, 클러빙과 전망을 동시에 누릴 수 있는 바 루즈 싱가포르를 꼽을 수 있다.

❼ 스타 셰프의 요리 맛보기 미식가의 나라임을 자부하는 싱가포르에서는 세계적인 명성의 스타 셰프들을 만날 수 있다. 미슐랭 스타에 빛나는 레 자미, 건더스 등은 물론이고, 마리나 베이 샌즈에는 스타 셰프 군단이 모여 있어 한자리에서 식도락을 누릴 수 있다.

❽ 호커 센터에서 로컬 푸드 맛보기 호커 센터는 푸드 코트처럼 작은 노점이 모여 있어서 한자리에서 다양한 음식을 먹을 수 있고 가격도 저렴해 주머니 가벼운 여행자들에게 사랑받는 곳. 차이나타운의 맥스웰 푸드 센터, 라우 파 샷과 마리나 베이와 마주하고 있는 마칸수트라 글루턴스 베이 호커 센터가 대표적이다.

❾ 싱가포르 명물 칠리 크랩 즐기기 싱가포르에 와서 단 한 가지 음식만 맛봐야 한다면 고민할 것 없이 칠리 크랩을 추천한다. 매콤하면서도 달콤한 칠리 소스와 담백한 게살이 잘 어울려 한국인 입맛에도 그만이다. 소스에 튀긴 번 Bun과 볶음밥까지 곁들이면 푸짐한 한 끼 식사로 완벽하다. 대표적으로는 점보 시푸드, 롱비치 레스토랑, 노 사인보드, 레드 하우스 등을 들 수 있다.

❿ 가든 시티, 싱가포르의 공원 산책하기

화려한 도시지만 곳곳에서 울창한 녹음으로 뒤덮인 공원들을 쉽게 만날 수 있다는 것은 싱가포르의 큰 매력 중 하나다. 대표적인 공원으로는 보타닉 가든을 꼽을 수 있는데 오차드 로드에서 차로 10분 남짓이면 갈 수 있다. 드넓은 잔디와 수목이 펼쳐지는 싱그러운 곳이다. 가벼운 발걸음으로 공원을 산책하거나 간단한 간식을 싸 가지고 가서 피크닉을 즐기는 것도 잊지 못할 추억이 될 것이다. 싱가포르가 만들어 낸 또 하나의 기적과도 같은 거대한 공원, 가든스 바이 더 베이도 반드시 가보자. 일부를 제외하고는 대부분 무료 개방이며 영화 '아바타'에 나오는 환상적인 공원을 만날 수 있다.

⑫ 우아하게, 애프터눈 티 즐기기 과거 영국의 영향으로 싱가포르에서는 오후에 애프터눈 티를 즐기는 문화가 있다. 호텔 애프터눈 티 중에는 플러튼 호텔의 코트야드가 독보적인 인기를 끌고 있으며 리츠 칼튼의 치훌리 라운지, 굿우드 파크 호텔의 카페 레스프레소, 만다린 오리엔탈의 액시스 바, 티 살롱 TWG도 인기가 높다.
⑬ 스파와 마사지 즐기기 정원식 스파 소 스파, 세계적 스파 브랜드인 반얀 트리, 만다린 오리엔탈의 오리엔탈 스파에서는 고가의 마사지를, 차이나타운과 MRT 서머셋 Somerset 역 주변에서는 중급대의 스파를 즐길 수 있다.

⑪ 로맨틱한 리버 크루즈 타보기

싱가포르 강이 있어 싱가포르의 풍경은 한결 로맨틱해진다. 보트 키, 클락 키, 마리나 베이로 이어지는 강을 따라 운행하는 리버 크루즈를 타고 싱가포르를 감상해보자. 낮보다는 밤이 훨씬 낭만적이고 아름다우니 배에 몸을 싣고 화려하게 빛나는 싱가포르의 밤을 만끽해보자.

⑭ 말레이시아와 인도네시아, 주변 국가 여행하기

싱가포르는 말레이 반도에 있어 주변 국가로의 여행이 쉽고 편리하다. 말레이시아의 조호 바루 같은 경우 매일 싱가포르로 출퇴근하는 사람들이 있을 정도로 버스로 쉽게 이동할 수 있으며, 빈탄과 바탐 같은 인도네시아의 섬도 배를 타고 1시간 남짓이면 도착할 수 있다. 또한 AirAsia, LionAir와 같은 저가 항공을 이용하면 알뜰한 가격으로 인도네시아·발리·태국·필리핀 등 주변 국가로 이동할 수 있다.

Must See List
싱가포르 하이라이트 신 10

❷ **마리나 베이 샌즈의 화려한 레이저 쇼** 에스플러네이드 몰 앞의 강변이나 멀라이언 파크는 레이저 쇼를 감상하기 좋은 최고의 명당 자리다.
❸ **가든스 바이 더 베이의 웅장한 레이저 쇼** 영화 '아바타' 또는 미래 정원을 보는 듯 환상적인 풍경을 연출하는 가든스 바이 더 베이의 밤 풍경을 즐겨보자.

❶ 싱가포르의 심벌이 된 마리나 베이 샌즈

반드시 투숙을 하지 않더라고 즐길 거리가 가득한 마리나 베이 샌즈는 싱가포르 여행에서 놓치지 말아야 할 필수 코스다.

❹ 가든스 바이 더 베이의 아찔한 구름다리 클라우드 포레스트에서는 안개에 가려진 신비로운 정글을 탐험하는 기분을 만끽할 수 있다. 아찔한 높이의 구름다리에 오르면 식물들을 더 가까이에서 관찰할 수 있다.

❺ 다양한 인종과 문화가 모여 꽃피운 컬러풀한 다민족 문화 차이나타운, 리틀인디아 같은 지역은 이러한 다민족 문화를 가장 잘 느낄 수 있는 곳이다.

❻ 라운지에서 즐기는 싱가포르 최고의 전망
분위기 좋은 바에서 나이트라이프를 즐기면서 황홀한 야경까지 감상하면 일석이조다.

❼ 개성만점 뒷골목, 하지 레인 아랍 스트리트에서 가장 핫한 거리인 이곳은 개성 넘치는 상점과 이국적인 식당, 노천 카페 등을 만나볼 수 있다.

❽ 패션 피플들이 사랑하는 쇼핑 천국, 오차드 로드 워낙 많은 쇼핑몰들이 들어서 있으니 자신의 쇼핑 스타일과 취향을 고려해 집중적으로 돌아보는 것이 현명하다.

⑨ 강을 따라 유유히 떠다니는 리버 크루즈 뜨거운 낮보다는 해질 무렵이나 완전히 해가 진 후 야경을 감상하는 것이 더 낭만적이다.
⑩ 미식가들을 유혹하는 싱가포르의 맛있는 진미들 싱가포르는 다민족 국가답게 다양한 음식 문화를 지닌 곳이다. 중국, 말레이시아, 인도네시아, 인도의 영향을 받은 이국적인 요리들이 미식의 즐거움을 선사한다.

01

Must Eat List ①

싱가포르 대표 음식 18

싱가포르의 음식은 다민족 국가답게 중국·말레이시아·인도네시아·인도의 영향을 많이 받았다. 서민적인 호커 센터에서 세계적인 스타급 셰프들의 파인 다이닝에 이르기까지 끝없이 늘어선 음식점들과 놀라울 만큼 많은 메뉴들은 하루에 열 끼를 먹어도 모자랄 정도. 식도락은 싱가포르의 여행을 더욱 멋지고 즐겁게 해주는 일등 공신이다.

칠리 크랩
Chilli Crab

싱가포르를 대표하는 일등 요리로 전 세계 머드 크랩의 70% 이상이 소비될 정도로 싱가포르의 크랩 사랑은 남다르다. 매콤달콤한 칠리 소스와 큼직한 게의 담백함이 어우러진 맛이 일품이며, 마지막에는 달걀을 풀어 걸쭉하게 먹을 수 있다.

블랙 페퍼 크랩
Black Pepper Crab

칠리 크랩과 함께 쌍두마차로 사랑받는 메뉴가 블랙 페퍼 크랩이다. 통후추를 사용해서 매콤하면서도 깔끔한 맛이 특징이며 게살 본연의 맛을 잘 느낄 수 있다. 원조는 롱비치 레스토랑으로 진흙 같은 페퍼 소스로 볶아서 내놓는다.

바쿠테
Bak Kut Teh

바쿠테는 중국식 돼지갈비 수프로 돼지갈비를 허브와 마늘 등을 넣고 푹 고아낸 음식이다. 국물 맛이 우리네 갈비탕과 비슷하다. 구수한 육수와 고기를 밥과 함께 먹으면 든든해져 보양식으로 즐겨 먹는다.

포피아
Popiah

얇게 만든 밀전병에 야채와 튀긴 두부, 땅콩 등을 얹고 돌돌 말아서 만든 음식으로 튀기지 않은 스프링 롤과 비슷하다. 아삭하면서도 오묘한 맛의 조화가 입맛을 돋워줘 애피타이저로 즐겨 먹는다.

호키엔 미
Hokkien Mee

새우·오징어 같은 해산물과 숙주·국수를 볶아낸 것으로 요리 방법에 따라 볶음국수처럼 물기가 없는 것도 있고 국물이 흥건하게 있는 경우도 있다. 면발이 부드럽고 촉촉한 것이 특징으로 매콤한 삼발 소스와 라임이 곁들여져 나온다.

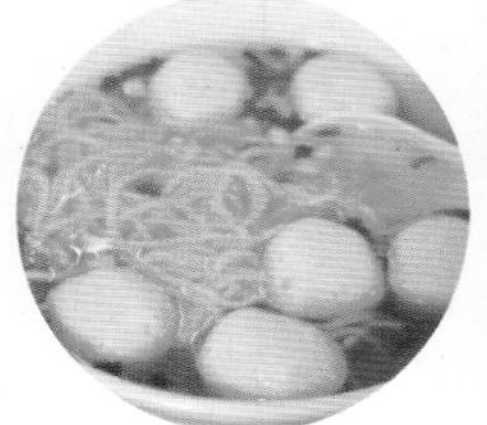

피시볼 수프
Fishball Soup

생선살로 만든 어묵(피시볼)을 넣어 만든 수프다. 담백하고 개운하며 면을 함께 넣어 먹기도 한다.

로작
Rojak

말레이어로 '마구 섞는 것'을 뜻하는 로작은 튀긴 두부, 야채, 중국식 튀긴 빵, 무, 과일 등을 땅콩으로 만든 드레싱으로 버무린 요리로 진한 땅콩소스와 재료들의 조화가 오묘한 맛을 낸다. 식사 전 가볍게 샐러드처럼 먹으며 호커 센터에서 쉽게 볼 수 있다.

나시 르막
Nasi Lemak

'나시'는 '쌀'이란 뜻이고 '르막'은 '풍부하다'란 의미다. 코코넛으로 찐 쌀밥 위에 작은 생선·땅콩·계란 등과 매콤한 삼발 소스를 얹어서 한 접시에 담아 내오거나 바나나 잎에 싸서 준다. 나시 르막은 아침 식사로 즐겨 먹는 음식이다.

용타우푸
Yong Tau Foo

호커 센터에서 빠지지 않고 등장하는 용타우푸는 수북하게 쌓여 있는 각종 야채·두부·어묵·국수 등의 재료를 그릇에 골라 담으면 바로 삶아서 내준다. 입맛대로 골라 먹을 수 있어 재미있고 맛도 재료에 따라 달라진다. 쌀국수처럼 담백하고 오뎅탕처럼 시원한 국물 맛이 좋다.

치킨라이스
Chicken Rice

싱가포르 사람들이 즐겨 먹는 음식 중 하나로 중국 남부의 하이난 Hainan 이민자들이 들여왔다. 닭 육수로 지은 밥에 찐 닭고기를 얹은 덮밥으로 닭 육수까지 곁들여 나온다. 간단한 요리이지만 촉촉한 닭고기와 고소한 밥맛이 좋아 먹다보면 자꾸 끌리는 매력이 있다. 곁들여 나오는 간장, 칠리 소스와 함께 먹으면 색다르게 즐길 수 있다.

완탕 미
Wantan Mee

새우나 돼지고기를 넣어 만든 '작은 만두' 완탕이 들어 있는 볶음국수. 완탕과 야채, 훈제 닭고기가 국수에 곁들여져 나온다. 달콤하면서도 짭조름한 소스에 국수가 꼬들꼬들한 것이 특징이다. 만둣국처럼 국물이 나오는 스타일도 있다.

락사
Laksa

칠리 가루를 넣은 육수에 각종 허브·해산물·숙주·고수 등을 넣은 페라나칸식 국수 요리다. 육수에 코코넛 밀크를 섞어 국물이 걸쭉한데 우동처럼 통통한 면발의 맛과 잘 어울린다. 부드러우면서도 진한 국물이 독특한 매력이 있다. 그러나 익숙하지 않은 맛이라 호불호가 나뉘기도 한다.

나시 파당
Nasi Padang

인도네시아식 음식문화로 푸드 코트에서 빠지지 않고 등장할 정도로 싱가포르에서 인기 있다. 나물·치킨·생선·커리 등을 죽 나열해 놓고 원하는 것을 고르면 밥이 담긴 접시에 선택한 것을 담아주는데 밥과 반찬을 먹는 것과 비슷해 우리 입맛과 잘 맞는다. 마음대로 반찬을 고를 수 있으며 어떤 것을 선택하느냐에 따라 요금도 달라진다. 보통 S$5~10 정도면 배부르게 먹을 수 있다.

딤섬
Dim Sum

딤섬은 중국식 만두인데 오후에 차와 함께 간식으로 가볍게 즐기거나 식사 후 마무리로 즐겨 먹는다. 차이나타운에 가면 딤섬을 전문으로 하는 레스토랑이 있으며 호커 센터에서도 쉽게 찾아 볼 수 있다. 안에 넣는 재료에 따라 종류가 무척 다양하며 맛과 모양도 다채로워서 골라 먹는 재미가 있다.

피시 헤드 커리
Fish Head Curry

이름처럼 커리에 생선 머리가 통째로 들어간 음식으로 독특한 모양만큼이나 맛도 특이하다. 커리 국물을 쌀밥이나 난과 곁들여 먹으면 은근한 중독성이 있으며 리틀 인디아의 인도 레스토랑에서 쉽게 맛볼 수 있다.

콘지
Congee

아침 식사로 싱가포리언들이 즐겨 먹는 중국식 죽. 치킨·생선·오리알 등을 토핑으로 얹어서 먹으며 우리의 죽과 비교하면 더 부드럽고 묽은 편이다. 호커 센터에서 쉽게 맛볼 수 있다.

비리야니
Biryani

비리야니는 인도식 쌀 요리로 향신료에 잰 고기, 생선 또는 계란, 채소 등을 넣고 볶아 만든 요리로 인도식 볶음밥이라고 생각하면 쉽다. 푸드 코트나 리틀 인디아의 레스토랑에서 쉽게 볼 수 있다.

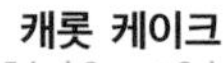

캐롯 케이크
Fried Carrot Cake

이름과는 다르게 무와 달걀 등으로 만든 반죽을 깍두기처럼 네모나게 썰어 간장 소스를 넣고 달걀과 함께 볶은 요리다. 소스에 따라 화이트 캐롯 케이크, 블랙 캐롯 케이크로 나뉘며 짭조름하면서도 달콤한 맛이 나고 부드러워 애피타이저로 식사 전 즐겨 먹는다.

02

Must Eat List ②

싱가포르의 마실거리 5

싱가포르 하면 떠오르는 타이거 맥주와 래플스 호텔에서 시작되어 이제는 전 세계인이 사랑하는 싱가포르 슬링, 뜨거운 날씨에 더위를 식혀줄 달콤한 빙수들까지. 싱가포르를 대표하는 마실거리들을 소개한다.

타이거
Tiger

싱가포르의 대표 맥주로 사랑받고 있으며, 파란색 로고의 호랑이가 심벌이다. 1932년 처음 출시된 싱가포르 최초의 맥주로 산뜻하고 부드러운 맛이 특징. 싱가포르 로컬 푸드와 가장 잘 어울리므로 싱가포르를 여행한다면 한번쯤 맛보자.

싱가포르 슬링
Singapore Sling

뉴욕에 맨해튼 칵테일이 있다면 싱가포르에는 싱가포르 슬링이 있다. 핑크빛이 매력적인 칵테일로 래플스 호텔의 롱 바에서 탄생했다. 싱가포르에 가는 여행자들이라면 한번쯤은 맛보는 명물이니 원조인 롱 바나 야경이 근사한 바에서 마셔보자.

테 타릭
Teh Tarik

밀크 티와 비슷한 음료로 따뜻하게 차로 즐기기도 하고 얼음을 넣어 시원하게 마시기도 한다. '길게 당기는 차'라는 뜻의 이름에 걸맞게 두 개의 컵으로 차와 연유를 길게 주고받으며 만드는데 그 모습이 흥미롭다.

첸돌
Cendol

아이스 카창과 비슷하지만 판단pandan으로 만든 초록색 토핑을 얹어 주는 점이 다르다. 곱게 간 얼음 위에 팥과 젤리, 코코넛 밀크를 듬뿍 얹어 달콤하면서도 부드러운 맛이 일품. 무더위를 가시게 해줄 최고의 디저트다.

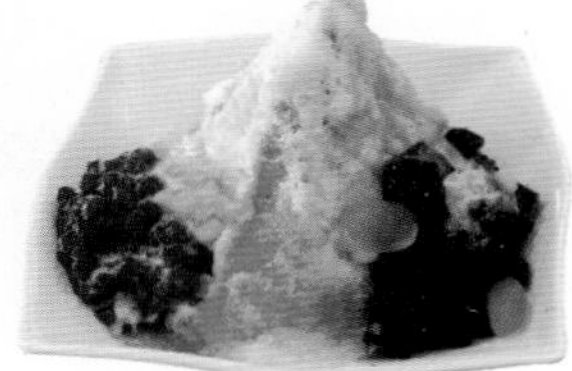

아이스 카창
Ice Kachang

싱가포르 스타일의 빙수. 곱게 간 얼음 위에 젤리·팥·옥수수 등 토핑을 얹고 알록달록한 시럽까지 곁들여 나오는 시원한 디저트. 호커 센터에서 쉽게 볼 수 있으며 무더운 날씨에 간식으로 먹으면 시원하게 즐길 수 있다.

03

Must Eat List ③

싱가포르의 열대 과일 9

싱가포르는 열대 지역답게 어디에서든 쉽게 풍성한 열대 과일들을 맛볼 수 있다. 우리나라에서는 귀하고 비싼 열대 과일을 비교적 저렴하게 먹을 수 있는 기회이니 놓치지 말자.

망고
Mango

가장 인기 있는 열대 과일 중 하나로 마트나 시장에서 쉽게 접할 수 있다. 노란색과 초록색이 일반적이며 잘 익은 망고는 달콤한 과즙의 맛이 일품이다. 카페나 레스토랑에서는 시원한 주스나 디저트로 쉽게 접할 수 있다. 우리나라에 비해 가격이 저렴하니 망고를 좋아한다면 많이 먹어두자.

망고스틴
Mangosteen

망고와 함께 가장 인기가 높은 과일로 자주색의 두꺼운 껍질을 벗기면 새하얀 속살이 나온다. 쉽게 구입할 수 있어서 망고스틴 마니아들은 잔뜩 사두고 간식으로 먹기도 한다. 손으로 힘을 주어 양쪽으로 나누면 쉽게 쪼개지는데 하얀 과육은 달콤하고 맛이 매우 좋다.

코코넛
Coconut

커다란 코코넛에 구멍을 내고 빨대를 꽂아 시원한 주스 형태로 마신다. 과일로 그냥 먹기보다는 코코넛 과육, 코코넛 밀크로 요리에 첨가해서 먹는 경우가 많다.

두리안
Durian

과일의 왕이라 불리기도 하는 두리안은 그 특유의 강한 냄새 때문에 호불호가 분명하게 나뉘는 과일이다. 가시가 삐죽삐죽 돋친 껍질을 벗기면 부드러운 속살이 나오는데 열량도 높고 영양가도 좋다. 케이크나 파이·아이스크림 등에 재료로 쓰이기도 한다. 고열량이어서 술과 함께 먹는 것은 좋지 않다고 한다.

드래건 프루츠
Dragon Fruits

우리나라에서 '용과'라고 부르는 과일이다. 핑크빛의 반질반질한 표면을 자르면 겉과는 전혀 다른 하얀색의 과육에 씨가 깨알같이 박혀 있다. 독특한 모습과는 다르게 부드럽고 상큼한 맛이 좋다.

파파야
Papaya

주황색이 도는 과일로 멜론과 비슷한 맛이 난다. 향이 진하고 주스와 요리에 많이 사용되며 부드럽고 달콤한 맛이 좋아서 아침 식사나 디저트로 즐겨 먹는다.

스네이크 프루트
Snake Fruit

뱀 껍질 같은 과일 표면 때문에 스네이크 프루트로 블린다. 껍질을 벗기면 단단한 과육이 들어있는데 아삭한 맛과 떫은 맛이 특징이다. 단맛이 적어 인기 있는 과일은 아니다.

람부탄
Rambutan

빨간 껍질을 부드러운 털이 감싸고 있는 과일로 내용물은 달콤하고 부드럽다. 중앙에 있는 씨를 빼고 과육만 먹는다.

스타 프루츠
Star Fruits

각지게 생겨서 잘라내면 별 모양이 되므로 스타 프루츠라는 이름이 붙었다. 맛은 사과와 약간 비슷한데 단맛이 살짝 나면서 아삭아삭해서 씹는 맛이 좋다.

Must Buy List

싱가포르 쇼핑 아이템 9

쇼핑을 빼고는 싱가포르 여행을 이야기할 수 없다. 싱가포르에서만 볼 수 있는 아이템과 이것만큼은 꼭 사야 하는 완소 쇼핑 아이템들을 소개한다.

찰스 앤 키스
Charles & Keith

슈어홀릭은 물론이고 싱가포르를 여행하는 여성 여행자들도 반드시 들르는 성지와 같은 매장이 바로 찰스 앤 키스! 싱가포르 국가 대표급 슈즈 브랜드로 트렌디한 신발과 가방을 선보인다. 가격이 합리적이고 디자인도 예뻐서 절대적인 사랑을 받고 있다. 가격은 S$30~60 수준으로 디자인과 퀄리티에 비해 비싸지 않고 신상품이 금방금방 나오므로 질릴 틈이 없다. 플랫부터 샌들, 아찔한 킬힐까지 스타일도 다양하며 한 코너에서는 상시 세일을 해 더욱 알뜰하게 쇼핑을 할 수 있다.

페드로
Pedro

찰스 앤 키스보다 조금 더 파격적이고 화려한 스타일의 슈즈를 만나볼 수 있다. 한쪽에는 남성 코너도 있어 남성 여행자들에게도 인기! 몇몇 아이템은 상시 50% 내외의 세일을 해 반값에 예쁜 구두를 살 수도 있으니 눈여겨보자.

탑샵
Topshop

패셔니스타 케이트 모스가 사랑하는 영국 스트리트 패션 브랜드로 자신이 직접 디자인을 해서 더욱 유명해졌다. 우리나라에서도 마니아층이 두터워서 구매대행을 통해 쇼핑을 하기도 하는데 싱가포르에서는 어디서든 쉽게 탑샵을 만날 수 있다. 탑샵은 여성, 탑맨 Topman은 남성 의류를 판매하고 있으며 과감하고 톡톡 튀는 스타일이 많으니 펑키한 스트리트 패션을 좋아하는 이들에게 추천!

카야 잼
Kaya Jam

코코넛 열매로 만든 밀크와 판단 잎(허브), 계란으로 만들어진 이 잼은 한번 맛보면 독특한 달콤함이 입맛을 사로잡는다. 야쿤 카야 토스트에서 판매하며 브레드 토크 Bread Talk와 같은 베이커리나 슈퍼마켓 등에서도 쉽게 만날 수 있어 선물로 사기에 좋다. 가격은 S$2~.

TWG 티

싱가포르에서 시작되어 단기간에 인기가 급상승 중인 티 브랜드. 최상급의 차와 TWG만의 고급스러움으로 사람들의 입맛을 사로잡고 있다. 최근 한국의 백화점에도 입점했지만 가격이나 종류는 싱가포르가 훨씬 낫다. 저렴한 편은 아니지만 일단 티를 한번 맛보면 생각이 달라질 것이다. 찻잎부터 티백·패키지까지 퀄리티가 뛰어나서 선물용으로도 그만이다.

기념품

여행 기념품도 빠뜨릴 수 없는 쇼핑 아이템! 싱가포르를 상징하는 멀라이언은 기념품으로 가장 많은 사랑을 받는다. 미니어처부터 열쇠고리, 마그넷, 각종 카드 등 여러 형태로 제작되며 가격은 천차만별이고 어디서나 쉽게 찾을 수 있다. 차이나타운, 무스타파 센터 등이 저렴하게 살 수 있는 곳이다.

부엉이 커피

OWL Coffee

부엉이 커피로 불리는 'OWL Coffee'는 한국 여행자들 사이에서 인기 폭발이다. 우리의 믹스커피와 비슷한데 가루의 양이 두 배 정도로 훨씬 많고 맛도 풍부하다. 커피부터 밀크 티까지 종류가 다양해서 입맛에 따라 고를 수 있다. 웬만한 슈퍼마켓에서 어렵지 않게 발견할 수 있으며 20~25개가 든 한 팩이 S$4~5 정도로 가격도 부담 없는 수준으로 가끔 프로모션으로 1+1 행사를 한다.

히말라야 허벌

Himalaya Herbals

검증된 허브들을 이용해 만드는 인도 코스메틱 브랜드로 클렌징, 스크럽, 크림, 립밤 다양한 아이템을 판매하며 입술 보습에 효과적인 히말라야 허벌 립밤(Himalaya herbals Lip Balm)과 순하고 보습력 좋은 너리싱 스킨 크림(Nourishing Skin Cream)이 대표적이다. 리틀 인디아의 무스타파 센터에서 집중적으로 판매하는데, 프로모션도 많이 하기 때문에 하나 가격에 두 개를 살 수도 있다.

배스 앤 보디웍스

Bath & Body Works

국내에도 마니아들이 꽤 많아 구매대행으로 많이 구입하는 배스 앤 보디웍스의 아이템을 싱가포르에서 살 수 있다. 핸드 솝, 보디 미스트, 로션 등이 인기 있으며 가격도 합리적인 편이다. 핸드 솝 S$9, 샤워 젤 S$20, 보디 로션 S$20 정도 수준.

Festival & Event

싱가포르의 축제와 행사 16

싱가포르는 다양한 민족이 모인 사회인 만큼 다채로운 축제와 종교 행사가 일 년 열두 달 빠지지 않고 이어진다. 이와 더불어 음식, 패션, 그레이트 싱가포르 세일, F1 그랑프리 등의 이벤트도 풍성해 일 년 중 어느 달에 가더라도 축제 분위기를 느낄 수 있다.

타이푸삼 Thaipusam

시바 신의 아들 무르간이 악마군의 공격을 막은 것을 감사하는 의미의 힌두교 축제로 수행자들이 몸을 뾰족한 것으로 뚫어 장식한 채로 거리를 걷는다. 리틀 인디아 혹은 스리 마리암만 힌두교 사원에 가면 진귀한 광경을 볼 수 있다.

음력설 Chinese New Year

우리와 같이 음력 1월 1일을 축하하는 중국 설 기간으로 가장 큰 명절에 속한다. 차이나타운에서 연등 장식과 다양한 행사가 열린다.

칭게이 Chingay 음력설이 지나고 22일째 되는 날에 열리는 축제. **홈페이지** www.chingay.org.sg

모자이크 뮤직 페스티벌 Mosaic Music Festival

매년 열리는 뮤직 페스티벌로 세계적인 뮤지션들의 공연으로 유명하다. 에스플러네이드 아트 센터에서 10일간 음악 축제가 이어진다.

홈페이지 www.mosaicmusicfestival.com

세계 미식 대회 World Gourmet Summit

세계 최고의 셰프들과 미식가들이 모여 식도락의 절정을 맛볼 수 있는 축제. 호텔 내 레스토랑, 고급 레스토랑에서 이뤄지고 화려한 요리와 와인의 향연이 펼쳐지며 요리 강습도 개최된다.

홈페이지 www.worldgourmetsummit.com

베삭 데이 Vesak Day

싱가포르의 석가탄신일로 부처님의 탄생을 축하하기 위해 불교 신자들이 사원을 찾는다. 불아사 사원 등을 찾으면 비둘기 등을 풀어주는 광경을 볼 수 있다.

그레이트 싱가포르 세일 Great Singapore Sale

5월 말에서 7월초까지 최소 30%에서 60~70% 대대적인 세일에 들어가는 시즌으로 여행자들에게는 가장 반가운 축제이기도 하다.

홈페이지 www.greatsingaporesale.com.sg

싱가포르 음식 축제 Singapore Food Festival

7월에는 식도락의 천국 싱가포르에서 음식 축제가 열린다. 싱가포르의 대표 음식과 세계 각국의 요리를 맛볼 수 있는 좋은 기회이니 놓치지 말자.

홈페이지 www.singaporefoodfestival.com.sg

싱가포르 독립 기념일 National Day

말레이시아 연방에서 탈퇴해 독립국가가 된 것을 기념하는 날. 8월 9일에 대규모 행사로 진행되며 불꽃놀이와 퍼레이드가 펼쳐진다.

중원절 Festival of the Hungry Ghost 귀신을 위해서 음식을 집 밖에 차려놓는 중국식 추석.

월병 축제 Mooncake Festival

음력 8월 15일로 전통 과자인 월병을 먹는 날이다. '등불 축제 Lantern Festival' 라고도 한다. 이 무렵에는 싱가포르 전역에서 월병을 판매하며 서로 선물을 하고 나누어 먹는다.

하리 라야 푸아사 Hari Raya Puasa

무슬림 금식 기간인 라마단이 끝나는 날을 축하하는 행사로 말레이 무슬림들에게는 최대의 명절이다.

디파발리 Deepavali 힌두교의 성대한 축제로 '빛의 축제' 라고도 불린다. 리틀 인디아에 가면 한 달 내내 화려한 조명으로 꾸며 놓은 광경을 구경할 수 있다.

티미티 Thimithi

힌두교의 축제로 불 위를 맨발로 걷는 행사로 유명하다. 스리 마리암만 사원에 찾아가면 이러한 진귀한 풍경들을 볼 수 있다. 10~11월경에 열리며 매해 날짜는 바뀔 수 있다.

크리스마스 Christmas

축제를 열정적으로 즐기는 싱가포르답게 크리스마스도 매우 화려하다. 오차드 로드를 시작으로 조명과 장식으로 화려하게 꾸며 장관을 이룬다.

하리 라야 하지 Hari Raya Haji '희생의 축제' 라고도 불리는 하리 라야 하지는 메카 순례가 끝났음을 축하하는 행사다. 전통적인 기도가 끝나면, 양을 잡는 의식이 치러지며 제사에 쓰인 고기는 이슬람 공동체나 가난한 집에 나눠준다.

INFORMATION
싱가포르 국가 정보

개요

싱가포르는 말레이 반도 끝에 위치한 섬나라로 1819년 이후 영국의 식민지였다가 후에 영연방 내 자치령이 됐다. 그후 말레이시아연방에 속했다가 인종적·경제적 대립으로 1965년 자주국가로 분리 독립했다.

역사

자바어로 '바다마을' 이라는 뜻을 지닌 테마섹 Temasek은 싱가포르를 칭하는 다른 이름이기도 하다. 스리비자야 왕국의 일부였던 테마섹은 지리적 조건이 탁월하여 다양한 나라의 해양 경로 역할을 했다. 전설에 의하면 스리비자야의 왕자가 테마섹에 들렀다가 우연히 머리는 사자이고 몸은 인어인 동물을 발견해 이곳을 '사자의 도시' 라는 뜻의 싱가 푸라 Singa Pura로 부르게 됐으며 그것이 싱가포르의 어원이라고 한다.

싱가포르는 1819년 영국의 토머스 스탬퍼드 래플스경이 이곳에 상륙한 후 국제적인 무역항으로 개발됐다. 제2차 세계대전 당시에는 일본의 지배를 받았으며 리콴유 총리의 등장과 함께 말레이시아로부터 독립해 1965년 독립국가로 새 출발을 하게 된다. 이후 놀라운 경제성장과 발전에 힘입어 현재는 아시아 최고의 물류센터이자 금융 중심지로 탈바꿈했다.

면적

서울보다 약간 큰 697.2㎢. 지속적인 간척 사업으로 국토를 확장하고 있다.

위치

싱가포르는 말레이 반도 최남단에 위치하고 있으며 본섬과 63개의 부속 섬들로 이루어져 있다.

종교

다민족 국가로 불교 · 힌두교 · 이슬람교 · 기독교 등 다양한 종교를 믿는다.

통화 및 환율

싱가포르 달러(SGD)를 사용하며 환율은 1SGD가 한화로 약 815원이다. (2019년 10월 기준)

비행 시간

직항 편으로 인천공항 기준 약 6시간 소요

시차

한국보다 1시간이 느리다. (서울이 오후 7시일 때 싱가포르는 오후 6시)

여권과 비자

여권 유효 기간이 6개월 이상 남아있어야 하며 관광 및 출장 목적으로 방문할 경우 최대 90일까지 무비자 방문이 가능하다.

언어

공용어로 영어가 사용되므로 소통하는 데 큰 무

리가 없다. 이외에도 말레이어 · 중국어 · 타밀어 등이 많이 사용되고 있다.

날씨

열대 우림 기후로 기온은 연중 23~32℃, 연평균 강수량은 2343.1 mm 정도다. 우기와 건기로 구분되며 우기는 10월에서 이듬해 2~3월까지, 건기는 4~9월이다.

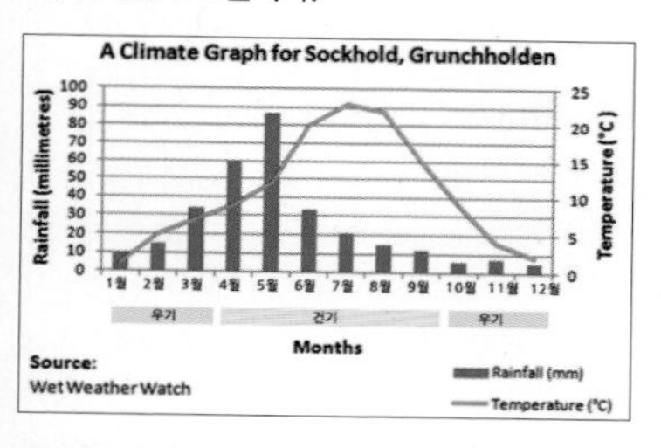

물가

물가는 서울과 비슷하거나 서울보다 조금 더 비싼 편이다. 교통비 · 식비 등은 서울과 비슷하나 담배 · 술은 훨씬 비싸다.

전압

싱가포르는 한국과는 달리 구멍이 세 개 있는 소켓을 사용한다. 따라서 우리나라 전자 제품을 사용할 경우 변환 어댑터가 필요하다. 어댑터를 챙겨 가거나 호텔 리셉션에서 요청하면 된다. 전압은 220~240V 50Hz로 우리나라 전자 제품을 사용하는 데 문제가 없다.

전화

국제전화는 국제전화용 카드 혹은 신용카드를 이용해서 할 수 있으며 국가번호와 지역번호를 눌러야 한다. 한국의 국가번호는 82, 싱가포르의 국가번호는 65다.

한국에서 싱가포르로 걸 때

전화회사 식별번호 001, 002, 00700 등+국가번호(65)+걸고자 하는 전화번호를 누른다.

예〉 한국에서 싱가포르로 전화 걸기 번호

65-1234-5678

001-65-1234-5678

싱가포르에서 한국으로 걸 때

001+국가번호(82)+지역번호(앞의 0은 뺀다)+걸고자 하는 전화번호를 누른다.

예〉 싱가포르에서 한국으로 전화걸기 번호

02-1234-5678

001-82-2-1234-5678

인터넷

지역에 따라 차이는 있지만 싱가포르에서도 대부분 호텔에서 무선인터넷을 무료 또는 유료로 사용할 수 있다. 또한 카페나 레스토랑도 무선인터넷을 사용할 수 있는 곳들이 점차 늘어나고 있다.

치안

싱가포르는 다른 동남아 국가와 비교해 무척 안전한 편에 속한다. 그러나 아무리 안전한 곳이라도 문제가 생길 수 있으니 여행자 스스로 주의하는 것이 좋다.

Tip 엄격한 싱가포르의 법

벌금의 나라로 불릴 정도로 법이 엄격한 싱가포르에선 특히 공중도덕과 기본질서에 어긋나지 않도록 행동을 주의해야 합니다. 기본적으로 버스나 MRT 안에서 음식물이나 음료를 먹는 것도 금지입니다. 이를 어길 시 적지 않은 대가를 치러야 하므로 피해를 보지 않도록 각별히 주의하세요.

- **무단횡단** : 횡단보도로부터 50m 이내에서 무단횡단할 경우 S$50
- **흡연** : 버스·박물관·백화점 등의 공공장소에서 흡연 시 S$1000
- **버스·MRT** : 음식물이나 음료 섭취 시 S$500, MRT 내에 인화성 물질을 갖고 탑승 시 S$5000
- **음주** : 싱가포르에서 만 18세 미만의 청소년은 음주할 수 없으며 이를 어길 경우 S$1000
- **침 뱉기, 쓰레기 투척** : 공공장소에서 최초 적발 시 S$1000, 두 번째 적발 시 S$2000
- **화장실** : 용변을 본 뒤 물을 내리지 않아도 벌금형. 최초적발 시 S$150, 두 번째 적발 시 S$1000

ACCESS
싱가포르 입국 정보

① 입국! Welcome 싱가포르

약 6시간의 비행을 마치면 싱가포르의 창이 국제공항에 도착하게 된다. 기내에서 내릴 때 빠진 짐은 없는지 체크한 후 'Arrival'이라고 적힌 안내 표지판을 따라가면 된다.

싱가포르 창이 국제공항

창이 국제공항은 4개의 청사로 되어 있는데 서로 연결되어 있으며 터미널 간의 이동은 무료로 스카이트레인이나 셔틀버스를 이용할 수 있다. 항공사마다 사용하는 터미널이 다르니 출국 시에 어떤 터미널을 이용하게 되는지 반드시 숙지하고 있어야 한다.

터미널2 싱가포르항공, 스쿠트항공, 말레이시아항공
터미널3 싱가포르항공, 아시아나항공
터미널4 대한항공
창이 국제공항 홈페이지 www.changiairport.com

입국장으로 이동, 입국 심사 받기

비행기에서 내려 Arrival이라고 적힌 안내 표지판을 따라서 Immigration으로 가면 된다. 싱가포르 자국민을 심사하는 곳과 외국인을 심사하는 곳으로 나누어져 있는데 외국인 Foreigner 표시가 있는 심사대로 가서 줄을 서면 된다. 입국 심사를 받기 위해서는 **출입국 신고서를 작성**해야 하는데 가능하면 비행기에서 내리기 전 미리 작성해 놓는 것이 좋다.

수하물 찾기

입국 심사를 마친 후 인천국제공항에서 부쳤던 짐을 찾아야 한다. 짐 찾는 곳은 'Baggage Claim'이라고 적힌 표지판을 따라가면 된다.

세관 통과

짐을 찾았다면 그다음은 세관 검사 차례다. 특별히 신고해야 할 물품이 없다면 초록색 표시가 된 곳을 따라 나가면 된다.

② 공항에서 시내로 이동하기

싱가포르의 창이 국제공항은 시내 중심으로부터 약 20km 정도 떨어져 있으며 택시·공항셔틀버스·MRT 등을 타고 쉽게 시내로 이동할 수 있다.

MRT(Mass Rapid Transit)

MRT는 싱가포르의 지하철을 일컫는 말로 공항에서는 City Train, Train To City로 부르기도 한다. 가장 저렴하게 시내로 이동할 수 있어서 알뜰 여행자들이 선호한다. 공항 내 에스컬레이터를 이용해 지하의 MRT 정거장으로 내려간 후 **초록색 East West 라인으로 MRT 타나 메라 Tanah Merah 역까지 간 후 목적지로 갈아타면** 된다.

MRT 입구 터미널2의 지하 1층, 터미널3의 1층과 2층 **전화** 1800-336-8900(07:30~18:30) **홈페이지** www.smrt.com.sg **운행** 매일 05:30~23:18

공항셔틀버스

시내의 주요 호텔까지 태워다주며 요금이 비교적 저렴한 편이라 여행자들이 선호하는 이동 수단이다. 요금은 일반 S$9, 어린이 S$6로 오전 6시부터 밤 12시까지는 15분 간격, 자정부터 오전 6시까지는 30분 간격으로 운행한다. 티켓은 공항 내 에어포트 셔틀 카운터(출국장으로 나와 왼쪽으로 가면 있다)에서 구입하면 된다. 시내에서 공항으로 이동할 때도 사전 요청하면 호텔로 픽업을 오며 요금은 동일하다.

전화 6241-3818

택시 Taxi

가장 편하게 이동할 수 있는 방법은 역시 택시다. 싱가포르의 택시는 대부분 친절하고 정직한 편이라 믿고 이용할 수 있다. 도착 층에서 탈 수 있는데 공항에서 나올 때 S$3~5 정도의 추

가요금이 있으며 출퇴근 시간이거나 짐이 많은 경우 요금이 가산된다. 또 밤 12시부터 새벽 6시 사이에 도착했을 때는 총 요금의 50%에 해당하는 할증이 붙는다. 도착홀(짐을 찾아서 나오는 곳)에서 안내 표지판을 따라가면 택시 승강장이 나온다. 공항에서 시내까지는 20~30분 정도 소요되며 위치에 따라 차이는 있지만 **레귤러 택시를 탈 경우 보통 S$23~26, 피크타임에는 S$28~32 정도 요금이 나온다.** 프리미엄 택시를 탈 경우 S$7~10 정도가 추가된다.

리무진 택시 & 맥시 캡 Limousine Taxi

택시와 같은 개념으로 벤츠 같은 고급 차량을 이용해 목적지까지 데려다 준다. 목적지나 사람 수에 관계없이 요금이 S$55로 고정돼 있어 택시에 비해 비싸다. 24시간 운행하며 자정부터 새벽 6시까지는 S$10 정도 추가요금을 받는다. 맥시 캡 Maxi Cab은 승합차를 이용하게 되는데 S$60의 고정 요금을 받는다. 7명까지 탑승 가능하며 예약은 택시 카운터에서 한다.

전화 065-6241-9482

TRANSPORTATION

싱가포르 교통 정보

싱가포르는 대중교통 시설이 무척 잘 되어 있어 낯선 여행자도 쉽게 이동할 수 있다. 우리의 지하철과 같은 MRT가 도심 구석구석을 빠르게 이어주며, 택시나 버스 이용도 어렵지 않다.

지하철 MRT(Mass Rapid Transit)

싱가포르 도심에서 가장 쉽고 편리하게 이용하게 되는 MRT는 우리의 지하철이라고 생각하면 된다. 저렴한 요금으로 싱가포르 구석구석을 이어주며 환승도 쉬워서 초보자도 어렵지 않게 이동할 수 있다. 요금은 스탠더드 티켓을 이용할 경우 보증금 S$1를 포함해 S$1.66부터 시작되며 역에 따라서 차이가 나는데 시티 홀역에서 창이 국제공항까지 간다 해도 $2 정도 수준이어서 저렴한 편이다.

홈페이지 www.smrt.com.sg **운행** 매일 05:30~24:30(역마다 차이 있음) **요금** S$0.80~

티켓의 종류

● 스탠다드 티켓 Standard Ticket

MRT 1회권으로 우리의 지하철 1회권과 같은 개념이다. 발급기에서 출발역과 도착역을 선택하면 요금이 책정되며 보증금으로 S$1가 더해진다. 도착 후 기계에 반납하면 S$1를 다시 돌려받을 수 있다.

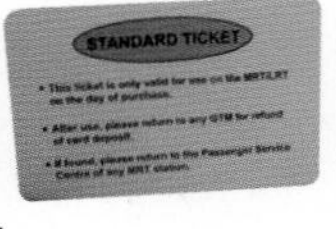

● 이지링크 카드 ez-Link Card

우리의 충전식 교통카드와 같은 것으로 MRT는 물론 버스에서도 사용할 수 있으므로 대중교통을 많이 이용할 예정이라면 사는 것을 추천! 요금도 아낄 수 있고 매번 스탠더드 티켓을 사지 않아도 돼서 편리하다. 1인 기준 카드 값 S$5에 실제로 사용할 수 있는 금액 S$7가 들어 있어 합계 S$12에 판매하고 있다. 남은 금액이 S$3 이하일 경우 충전을 해야 하며 무인 발매기를 통해서 S$10 단위로 쉽게 충전할 수 있다. 이지링크 카드를 사용한 후 카드 값(S$5)을 제외하고 추가로 충전한 금액이 남아있다면 티켓 오피스에서 환불받을 수 있다.

구입 역 내의 티켓 오피스 Ticket Office와 패신저 서비스 Passenger Service에서 살 수 있다. 충전은 무인 발매기를 통해서 S$10 단위로 가능하다.

● 싱가포르 투어리스트 패스 Singapore Tourist Pass

여행자를 위한 교통카드로 구입 시 일정 기간 동안 자유로이 이용할 수 있다. 1일권 · 2일권 · 3일권이 있는데 선택한 기간 동안 지하철과 버

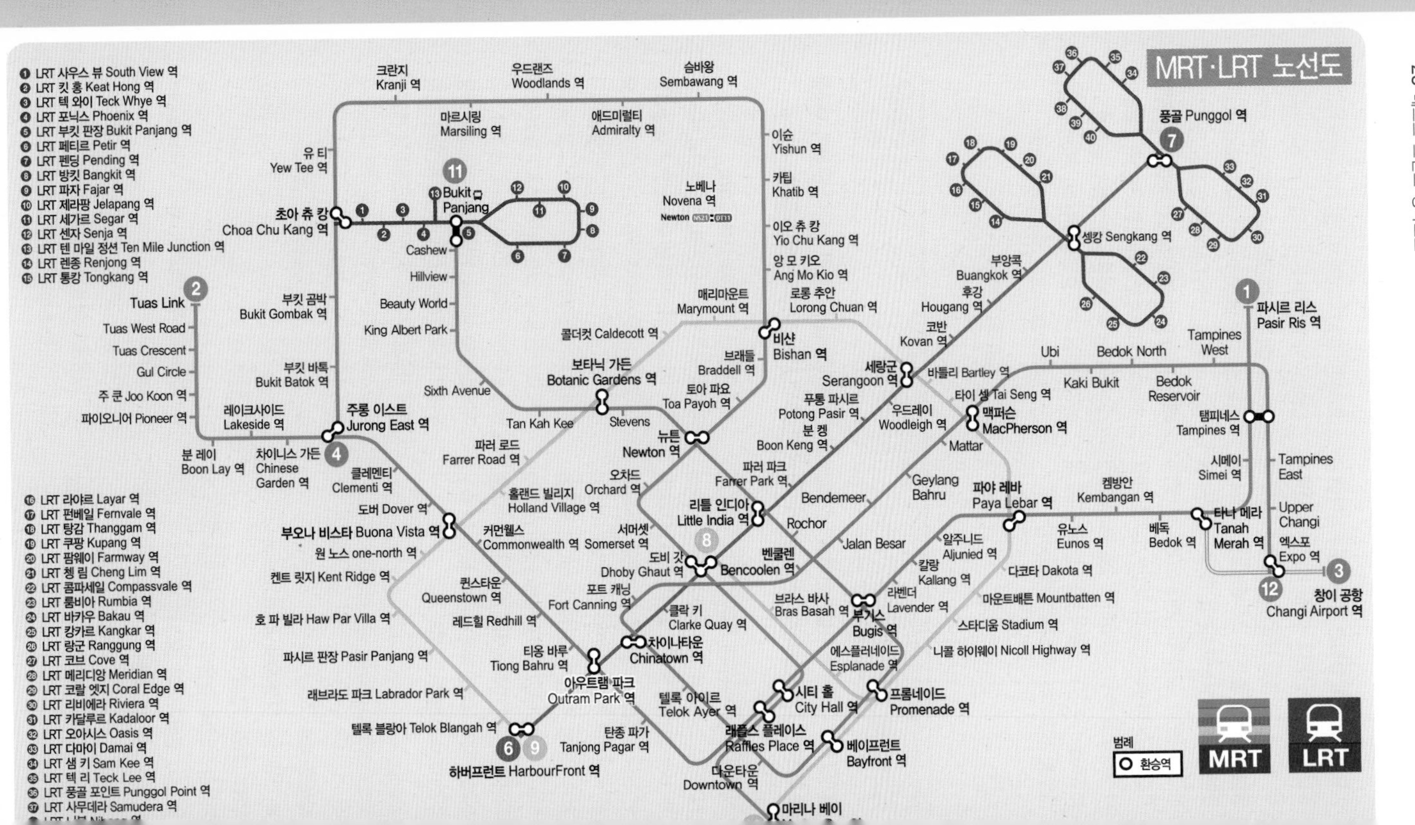
MRT·LRT 노선도
1 LRT 사우스 뷰 South View 역
2 LRT 킷 홍 Keat Hong 역
3 LRT 텍 와이 Teck Whye 역
4 LRT 포닉스 Phoenix 역
5 LRT 부킷 판장 Bukit Panjang 역
6 LRT 페티르 Petir 역
7 LRT 펜딩 Pending 역
8 LRT 방킷 Bangkit 역
9 LRT 파자 Fajar 역
10 LRT 제라팡 Jelapang 역
11 LRT 세가르 Segar 역
12 LRT 센자 Senja 역
13 LRT 텐 마일 정션 Ten Mile Junction 역
14 LRT 렌종 Renjong 역
15 LRT 통캉 Tongkang 역
16 LRT 라야르 Layar 역
17 LRT 펀베일 Fernvale 역
18 LRT 탕감 Thanggam 역
19 LRT 쿠팡 Kupang 역
20 LRT 팜웨이 Farmway 역
21 LRT 쳉 림 Cheng Lim 역
22 LRT 콤파세일 Compassvale 역
23 LRT 룸비아 Rumbia 역
24 LRT 바카우 Bakau 역
25 LRT 캉카르 Kangkar 역
26 LRT 랑군 Ranggung 역
27 LRT 코브 Cove 역
28 LRT 메리디앙 Meridian 역
29 LRT 코랄 엣지 Coral Edge 역
30 LRT 리비에라 Riviera 역
31 LRT 카달루르 Kadaloor 역
32 LRT 오아시스 Oasis 역
33 LRT 다마이 Damai 역
34 LRT 샘 키 Sam Kee 역
35 LRT 텍 리 Teck Lee 역
36 LRT 풍골 포인트 Punggol Point 역
37 LRT 사무데라 Samudera 역
크란지 Kranji 역
우드랜즈 Woodlands 역
셈바왕 Sembawang 역
마르시링 Marsiling 역
애드미럴티 Admiralty 역
유 티 Yew Tee 역
이슌 Yishun 역
카팁 Khatib 역
노베나 Novena 역
Newton NS21 DT11
초아 추 캉 Choa Chu Kang 역
Bukit Panjang
Cashew
Hillview
Beauty World
King Albert Park
Sixth Avenue
이오 추 캉 Yio Chu Kang 역
앙 모 키오 Ang Mo Kio 역
로롱 추안 Lorong Chuan 역
매리마운트 Marymount 역
콜더컷 Caldecott 역
Tuas Link
Tuas West Road
Tuas Crescent
Gul Circle
주 쿤 Joo Koon 역
파이오니어 Pioneer 역
부킷 곰박 Bukit Gombak 역
부킷 바톡 Bukit Batok 역
레이크사이드 Lakeside 역
주롱 이스트 Jurong East 역
분 레이 Boon Lay 역
차이니스 가든 Chinese Garden 역
클레멘티 Clementi 역
도버 Dover 역
부오나 비스타 Buona Vista 역
원 노스 one-north 역
켄트 릿지 Kent Ridge 역
호 파 빌라 Haw Par Villa 역
파시르 판장 Pasir Panjang 역
래브라도 파크 Labrador Park 역
텔록 블랑아 Telok Blangah 역
하버프런트 HarbourFront 역
보타닉 가든 Botanic Gardens 역
Tan Kah Kee
Stevens
파러 로드 Farrer Road 역
홀랜드 빌리지 Holland Village 역
커먼웰스 Commonwealth 역
퀸스타운 Queenstown 역
레드힐 Redhill 역
티옹 바루 Tiong Bahru 역
아우트램 파크 Outram Park 역
탄종 파가 Tanjong Pagar 역
비샨 Bishan 역
브래들 Braddell 역
토아 파요 Toa Payoh 역
뉴튼 Newton 역
오차드 Orchard 역
서머셋 Somerset 역
도비 갓 Dhoby Ghaut 역
포트 캐닝 Fort Canning 역
클락 키 Clarke Quay 역
차이나타운 Chinatown 역
텔록 아이르 Telok Ayer 역
래플스 플레이스 Raffles Place 역
다운타운 Downtown 역
마리나 베이
세랑군 Serangoon 역
푸통 파시르 Potong Pasir 역
분 켕 Boon Keng 역
파러 파크 Farrer Park 역
리틀 인디아 Little India 역
벤쿨렌 Bencoolen 역
Rochor
Bendemeer
Jalan Besar
브라스 바사 Bras Basah 역
시티 홀 City Hall 역
부기스 Bugis 역
에스플러네이드 Esplanade 역
프롬네이드 Promenade 역
베이프런트 Bayfront 역
부앙콕 Buangkok 역
후강 Hougang 역
코반 Kovan 역
셍캉 Sengkang 역
풍골 Punggol 역
바틀리 Bartley 역
타이 셍 Tai Seng 역
맥퍼슨 MacPherson 역
우드레이 Woodleigh 역
Mattar
Geylang Bahru
파야 레바 Paya Lebar 역
알주니드 Aljunied 역
칼랑 Kallang 역
라벤더 Lavender 역
다코타 Dakota 역
마운트배튼 Mountbatten 역
스타디움 Stadium 역
니콜 하이웨이 Nicoll Highway 역
Ubi
Kaki Bukit
Bedok North
Bedok Reservoir
Tampines West
탬피네스 Tampines 역
시메이 Simei 역
Tampines East
Upper Changi
유노스 Eunos 역
켐방안 Kembangan 역
베독 Bedok 역
타나 메라 Tanah Merah 역
엑스포 Expo 역
창이 공항 Changi Airport 역
파시르 리스 Pasir Ris 역
범례
환승역
MRT
LRT

스를 무제한으로 이용할 수 있으므로 단기간에 대중교통수단을 많이 사용할 여행자에게 추천!

요금 1-Day Pass : S$10, 2-Day Pass : S$16, 3-Day Pass : S$20
구입 창이 국제공항을 포함하여 오차드 역, 차이나타운 역, 부기스 역, 시티 홀 역, 래플스 플레이스 역, 하버 프런트 역 등에 위치한 티켓 오피스에서 구입할 수 있다.

버스 BUS

여행자들보다는 현지인들이 많이 이용하지만 우리의 버스와 크게 다를 것이 없다. MRT가 가지 않는 지역으로도 이동할 수 있으므로 노선만 맞는다면 타볼 만하다. 또 2층 버스도 있어 창밖으로 풍경을 감상하며 이국적인 기분을 즐길 수도 있다. **주의할 점은 우리나라와 다르게 안내방송이 나오지 않으므로** 기사나 주변 사람들에게 목적지를 말해두고 안내를 받는 것이 안전하다.

버스 요금

버스 요금은 종류와 거리에 따라 차이가 나지만 S$0.73~2.15 정도로 저렴한 편이다. 이지링크 카드로 탈 때는 우리의 버스와 똑같이 탈 때 한 번, 내릴 때 한 번 단말기에 카드를 대면 된다. 현금으로 승차 시 기사에게 목적지를 말하면 요금을 알려주며 통에다가 돈을 넣으면 된다. **현금 승차 시 주의할 점은 잔돈을 거슬러주지 않는다는 것.**

택시 TAXI

싱가포르에서 애용되는 교통수단 중 하나로 저렴하지는 않지만 요금 체계가 합리적이라 이용할 만하다. 정해진 택시 승차장 Taxi Stand에서만 탑승이 가능하니 무작정 거리에서 택시를 기다리지 않도록 하자.

대표 택시회사 전화
Transcab: 6555-3333 | Comport: 6552-1111
smrt: 6555-8888 | Smart Cab: 6485-7777
홈페이지 www.smrt.com.sg

택시 요금

기본료는 택시 회사에 따라 조금씩 차이가 나지만 S$3.2~3.9 정도이며 거리와 시간에 따라 요금이 올라간다. 싱가포르 도심은 비교적 좁은 편이라 S$10 안팎이면 대부분 이동이 가능하니 짐이 있거나 체력이 달릴 때는 이용하는 것도 좋다. 다만 주의할 점은 할증료가 시간 · 위치 등에 따라 무척 다양하게 부과되기 때문에 목적지에 도착했을 때 몇 가지 추가 버튼을 누르면 원래 미터기 요금에서 많게는 두 배까지도 요금이 불어나기도 하니 당황하지 말자.

그밖의 관광 수단

● 시아 홉 온 버스 Sia Hop on Bus

싱가포르항공을 이용한다면 시아 홉 온 버스를 이용할 수 있다. 무료 또는 할인된 요금으로 시내 곳곳과 주요 관광지 22개를 이어줘 편리하다. 시아 홀리데이, 싱가포르 스톱오버 홀리데이 상품을 이용하면 무료로 제공되며 싱가포르항공 승객은 50% 할인된 요금으로 탈 수 있다.

홈페이지 www.siahopon.com
운영 매일 09:00~21:00
요금 1일 이용권 일반 S$19.50, 어린이 S$14.50

● 히포 투어 버스 The Hippo Tours Bus

2층 버스를 타고 싱가포르 구석구석을 누빌 수 있는 관광 투어 버스로 여행자들에게 인기 만점이다. 각 정류장에서 승하차가 자유로워서 내 마음대로 여행을 즐길 수 있으며 싱가포르항공권 소지 시 할인받을 수 있다.

요금 1일 이용권 일반 S$39, 어린이 S$29

● 펀비 버스 FunVee Open Top Bus

히포 투어 버스와 비슷한 2층 관광버스로 정해진 기간 동안 자유롭게 타고 내리면서 싱가포르 구석구석을 누빌 수 있다. 히포 투어 버스보다 조금 더 저렴하고, 주요 호텔에서 싱가포르 플라이어까지 픽업 서비스를 제공한다.

홈페이지 www.citytours.sg
요금 일반 S$22.90, 어린이 S$16.90

BEST CORSE
추천 여행 일정

종합 여행 코스

비즈니스 여행자를 위한 반나절

반나절 정도의 시간 동안 짧고 굵게 싱가포르를 둘러봐야하는 비즈니스 여행자를 위한 일정이다.

일수	상세 일정
반나절	가든스 바이 더 베이 → 마리나 베이 샌즈 탐방 → 칠리 크랩으로 식사 → 멀라이언 파크에서 기념사진 → 리버 크루즈를 타고 야경 감상

스톱오버를 위한 1일

싱가포르를 경유하는 여행자를 위한 1일 일정으로 싱가포르의 대표 랜드마크와 관광 명소를 둘러볼 수 있다.

일수	상세 일정
1DAY	차이나타운 → 맥스웰 푸드 센터에서 식사 → 가든스 바이 더 베이 → 마리나 베이 샌즈 & 스카이 파크 → 칠리 크랩으로 식사 → 클락 키 → 리버 크루즈를 타고 야경 감상 → 멀라이언 파크

짧은 휴가를 위한 2일

2일간의 짧은 일정이라면 하루는 센토사와 마리나 베이 지역을, 하루는 싱가포르의 다문화를 느낄 수 있는 대표 명소들을 둘러보자.

일수	상세 일정
1DAY	비보 시티 → 싱가포르 케이블카 → 유니버설 스튜디오 → 센토사 루지 & 스카이 라이드 → 가든스 바이 더 베이 & 슈퍼 트리 쇼 → 마리나 베이 샌즈 → 저녁 식사 (마칸수트라 글루턴스 베이) → 원 앨티튜드에서 야경 감상
2DAY	아랍 스트리트 → 술탄 모스크 → 리틀 인디아 → 바나나 리프 아폴로에서 점심 → 차이나타운 → 불아사 → 야쿤 카야 토스트 → 보트 키 → 칠리 크랩으로 저녁 식사 → 클락 키 → 리버 크루즈를 타고 야경 감상 → 멀라이언 파크

짧은 휴가를 위한 3일

즐길 거리가 풍부한 센토사를 비롯해 나이트 사파리, 다문화를 느낄 수 있는 지역까지 차례로 둘러보는 일정이다.

일수	상세 일정
1DAY	오차드 로드에서 쇼핑 → 차이나타운 → 불아사 → 야쿤 카야 토스트 → 가든스 바이 더 베이 & 슈퍼 트리 쇼 → 마리나 베이 샌즈 → 저녁 식사 (마칸수트라 글루턴스 베이) → 레벨 33에서 야경 감상
2DAY	싱가포르 케이블카 → 유니버설 스튜디오 → 센토사 루지 & 스카이 라이드 → 비보 시티에서 식사 & 쇼핑 → 나이트 사파리
3DAY	리틀 인디아 → 바나나 리프 아폴로에서 점심 → 아랍 스트리트 → 술탄 모스크 → → 싱가포르 국립 박물관 → 칠리 크랩으로 저녁 식사 → 클락 키 → 리버 크루즈를 타고 야경 감상 → 멀라이언 파크

짧은 휴가를 위한 4일

4일 정도의 일정이라면 싱가포르의 대표적인 관광 명소와 맛집, 즐길 거리 등을 두루두루 섭렵할 수 있다.

일수	상세 일정
1DAY	오차드 로드에서 쇼핑 → TWG 티 살롱 앤 부티크에서 티타임 → 차이나타운 → 불아사 → 차이나타운 푸드 스트리트에서 식사 → 가든스 바이 더 베이 & 슈퍼 트리 쇼 → 마리나 베이 샌즈 → 저녁 식사 (마칸수트라 글루턴스 베이) → 원 앨티튜드에서 야경 감상
2DAY	싱가포르 케이블카 → S.E.A 아쿠아리움 → 유니버설 스튜디오 → 센토사 루지 & 스카이 라이드 → 실로소 비치 → 비보 시티에서 식사 & 쇼핑
3DAY	보타닉 가든 아침 산책 → 할리아에서 식사 → 리버 사파리 → 나이트 사파리 → 뉴튼 서커스 호커 센터에서 야식
4DAY	싱가포르 국립 박물관 → 래플스 호텔 → 아랍 스트리트 → 잠잠에서 식사 → 술탄 모스크 → 리틀 인디아 → 무스타파 센터에서 쇼핑 → 칠리 크랩으로 저녁 식사 → 클락 키 → 리버 크루즈를 타고 야경 감상 → 멀라이언 파크에서 기념사진

테마 여행 코스

쇼핑을 위한 여행 3일

쇼핑이 주목적인 여행자라면 쇼핑의 천국인 오차드 로드를 비롯해 각종 쇼핑몰을 집중적으로 둘러보면서 여행을 즐겨보자.

일수	상세 일정
1DAY	오차드 로드에서 쇼핑 → TWG 티 살롱 앤 부티크에서 애프터눈 티 & 티 구입 → 차이나타운 → 불아사 → 차이나타운 푸드 스트리트에서 식사 → 가든스 바이 더 베이 & 슈퍼 트리 쇼 → 마리나 베이 샌즈에서 쇼핑 & 스카이 파크에서 전망 감상 → 라우 파 삿 & 분 탓 스트리트에서 저녁
2DAY	아랍 스트리트 → 잠잠에서 식사 → 술탄 모스크 → 하지레인에서 쇼핑 → 리틀 인디아 → 무스타파 센터에서 쇼핑 → 멀라이언 파크에서 기념사진 → 칠리 크랩으로 저녁 식사 → 클락 키 → 리버 크루즈를 타고 야경 감상
3DAY	싱가포르 케이블카 → 유니버설 스튜디오 → 센토사 루지 & 스카이 라이드 → 비보 시티에서 식사 & 쇼핑 → 원 앨티튜드에서 야경 감상

미식을 위한 여행 3일

애프터눈 티부터 파인 다이닝, 이색적인 로컬 푸드까지 식도락의 천국 싱가포르에서 기억에 남을만한 미식여행을 즐겨보자.

일수	상세 일정
1DAY	차이나타운 → 불아사 → 맥스웰 푸드 센터에서 식사 → 가든스 바이 더 베이 & 슈퍼 트리 쇼 → 마리나 베이 샌즈 → 마칸수트라 글루턴스 베이에서 식사 → 원 앨티튜드에서 야경 감상
2DAY	오차드 로드에서 쇼핑 → 레 자미에서 식사 → TWG 티 살롱 앤 부티크에서 애프터눈 티 → 아랍 스트리트 → 잠잠에서 식사 → 술탄 모스크 → 리틀 인디아 → 무스타파 센터에서 쇼핑 → 클락 키 → 칠리 크랩으로 저녁 식사 → 브루웍스에서 맥주 → 리버 크루즈를 타고 야경 감상 → 멀라이언 파크에서 기념사진
3DAY	보타닉 가든 아침 산책 → 뎀시 힐에서 브런치 → 싱가포르 케이블카 → 유니버설 스튜디오 → 센토사 루지 & 스카이 라이드 → 실로소 비치 → 트라 피자에서 식사 → 비보 시티에서 쇼핑 → 레벨 33에서 야경 감상

가족 여행을 위한 3일

아이를 동반한 가족 여행자를 위한 박물관 투어부터 액티비티, 어트랙션까지 다채롭게 즐길 수 있는 일정이다.

일수	상세 일정
1DAY	싱가포르 국립 박물관 → 아시아 문명 박물관 → 칠리 크랩으로 식사 → 리버 크루즈를 타기 → 멀라이언 파크에서 기념사진 → 싱가포르 플라이어 → 마리나 베이 샌즈 & 스카이 파크에서 야경 보기
2DAY	싱가포르 케이블카 → S.E.A 아쿠아리움 → 유니버설 스튜디오 → 센토사 루지 & 스카이 라이드 → 실로소 비치 → 비보 시티에서 식사 & 쇼핑 → 가든스 바이 더 베이 & 슈퍼 트리 쇼 감상
3DAY	히포 투어 버스 탑승 → 리틀 인디아 → 부기스 → 아랍 스트리트 → 술탄 모스크 → 차이나타운 → 차이나타운 푸드 스트리트에서 식사 → 리버 사파리 → 나이트 사파리

지역별 여행 정보

ATTRACTION
싱가포르의 볼거리

오차드 로드

싱가포르 보타닉 가든 Singapore Botanic Gardens

싱가포르의 가장 큰 매력 중 하나는 복잡한 빌딩 숲을 등지고 5분 남짓만 걸으면 근사한 공원을 만날 수 있다는 점이다. 보타닉 가든은 싱가포르를 대표하는 도심 속 공원으로 여행자들은 물론 싱가포르 시민들에게도 휴식처로 사랑받고 있다. 독도 면적의 약 3배인 57만㎡의 부지에 수목이 울창하다. 공원에는 싱그러운 자연 속에서 피크닉을 즐기는 가족들, 벤치에 앉아 데이트를 즐기는 연인들, 그리고 강아지와 산책을 즐기는 사람들이 여유로운 풍경을 자아낸다. 공원 안에는 세계에서 가장 큰 규모의 국립 난초공원이 있는데 2000종이 넘는 난을 보유하고 있다. 보타닉 가든에서는 특별한 볼거리를 찾기보다는 녹음 속에서 산책하고 쉬면서 그들의 여유를 함께 누려보자.
할리아 Halia, 카사 베르데 Casa Verde와 같은 공원 내 인기 레스토랑에서 브런치를 즐기며 한 박자 느리게 시간을 보내보자.

지도 P.114-A3 **주소** 1 Cluny Road, Singapore **홈페이지** www.sbg.org.sg **운영** 매일 05:00~24:00(국립 난초공원 08:30~19:00) **입장료** 무료(국립 난초 공원 일반 S$5, 어린이 무료) **가는 방법** ①오차드 불러바드 Orchard Boulevard에서 버스 77 · 106 · 123 · 174번 이용(택시로 약 5분) ②MRT Botanic Gardens 역에서 도보 2분

+Plus 보타닉 가든에서 여유롭게 즐기는 브런치

오전 중에 싱그러운 보타닉 가든을 여유롭게 산책한 후 숲 속에서 근사한 식사로 재충전을 하는 것은 어떨까요? 보타닉 가든 안에는 일부러 찾아갈 가치가 있는 근사한 레스토랑들이 숨어 있습니다. 먼저 **할리아**는 진저 가든 안에 있는 레스토랑으로 주말의 브런치와 런치 코스, 오후의 애프터눈 티로 인기가 높으며 건강한 재료로 만든 요리로 오감을 만족시킵니다. **카사 베르데**는 방문자 센터 옆에 있는 이탈리안 레스토랑이며 싱그러운 정원에서 맛있는 피자와 파스타를 맛볼 수 있는 곳입니다. 싱가포르에서도 톱 레스토랑으로 손꼽히는 **코너 하우스**에서는 한층 더 고급스러운 분위기에서 런치와 디너 코스를 즐길 수 있습니다.

올드 시티

차임스 Chijmes

1850년대에 세워진 고딕 양식의 아름다운 건축물로, 130여 년 동안 가톨릭 수도원과 고아원으로 사용됐고 지금은 웨딩 홀로 사랑받고 있다. 과거의 역사가 배어 있는 건축물을 잘 보존하면서도 현대적으로 끌어올리는 데 천부적인 소질이 있는 싱가포르는 오래된 이 수도원을 근사한 핫 플레이스로 변신시켰다. 현재는 유명 레스토랑과 펍, 바가 모여 있어 식도락과 나이트라이프를 즐길 수 있는 싱가포르의 명소가 됐다. 특히 해가 지고 저녁이 되면 한층 드라마틱하게 변신한다. 중앙광장에 모여 있는 노천 바는 맥주나 와인을 즐기는 사람들로 활기를 띠며 은은한 조명을 받은 차임스는 멋지게 빛난다.

지도 P.116-B1 **주소** 30 Victoria Street, Singapore **전화** 6337-7810 **홈페이지** www.chijmes.com.sg **운영** 매일 11:00~23:00(매장에 따라 다름) **가는 방법** MRT City Hall 역 B번 출구에서 래플스 시티 쇼핑센터를 지나 도보 3~5분

싱가포르 국립 박물관 National Museum of Singapore

싱가포르에서 가장 오래된 국립박물관으로 1949년 개관했다. 래플스경 상륙, 영국 · 일본 식민지 시대, 독립, 발전 과정 등 싱가포르의 근현대사를 이해하기 쉽게 정리해 놓은 곳이다. 역사관 및 생활관에서는 3차원으로 재구성한 20개의 축소 모형과 최신식 멀티미디어를 이용해 싱가포르의 개발에서부터 비약적인 발전을 이룬 현재까지의 역사와 사건들을 보여주고 있다. 또한 50여 년에 걸쳐 수집한 아름다운 보석, 페라나칸의 생활과 전통 문화에 관련된 자료도 감상할 수 있다. 2층의 싱가포르 리빙 갤러리는 오후 6시와 8시에는 무료로 개방된다.

지도 P.116-A1 **주소** 93 Stamford Road, Singapore **전화** 6332-3659 **홈페이지** www.nationalmuseum.sg **운영** 10:00~19:00 **입장료** 일반 S$15, 18세 이하 학생 · 어린이 S$10, 6세 미만 무료 **가는 방법** MRT Bras Basah 역 또는 MRT Bencoolen 역에서 도보 4분

아시아 문명 박물관 Asian Civilizations Museum

싱가포르의 3대 국립박물관 중 한 곳으로 싱가포르는 물론 동남아시아 · 서아시아 · 중국에 이르는 전반적인 아시아 역사와 문화에 대해서 소개하고 있다. 1층부터 3층까지 총 11개의 전시관으로 구성돼 있으며, 1300개가 넘는 전시품을 감상할 수 있다. 작은 어촌마을이었던 과거의 사진과 자료들을 보면 싱가포르가 강가를 중심으로 발전한 역사를 쉽게 이해할 수 있다.

지도 P.116-C2 **주소** 1 Empress Place, Singapore **전화** 6332-7798 **홈페이지** www.acm.org.sg **운영** 토~목요일 10:00~19:00, 금요일 10:00~21:00 **입장료** 일반 S$20, 학생·어린이 S$15(금요일 19:00~21:00 입장 시 일반 S$10, 학생·어린이 S$7.50) **가는 방법** MRT Raffles Place 역에서 도보 5분, 플러튼 호텔 건너편에 있다.

래플스 호텔 Raffles Hotel

싱가포르 최초의 호텔인 래플스 호텔은 정부가 인정한 문화유산으로 싱가포르 대표 관광지 역할을 톡톡히 하고 있다. 1887년 영국 식민지 시대 때 비치에 지은 10개의 방갈로에서 시작해 지금의 화려한 호텔로 발전했다. 120여 년의 역사를 간직한 래플스 호텔은 그동안 다녀간 유명 인사들이 수두룩하다. 마이클 잭슨, 리키 마틴, 정글북의 작가 키플링이 머물렀으며 우리나라의 전두환 전 대통령도 다녀갔다. 영화배우로는 찰리 채플린, 엘리자베스 테일러 등 특급 스타들이 머물렀으며 그들의 이름을 따서 만든 객실도 12개나 있다. 투숙객보다는 이 유명한 호텔을 구경하려는 관광객들로 늘 북적인다. 총 115개 객실이 모두 스위트 룸으로 이루어져 있으며 푸른 정원을 배경으로 고풍스러운 콜로니얼풍 건축물이 어우러져 우아함이 흘러넘친다. 객실료가 매우 비싸고 또 최근에 문을 연 특급 호텔들과 비교하면 부대시설이나 최신 설비는 부족하지만 역사가 녹아있는 클래식 호텔에서 특별한 하룻밤을 보내고 싶은 여행자라면 머무를 만한 가치가 있다.

지도 P.116-B1 **주소** 1 Beach Road, Singapore **전화** 6337-1886 **홈페이지** www.raffles.com **가는 방법** MRT City Hall 역 C번 출구에서 래플스 시티 쇼핑센터를 지나 도보 3~5분

래플스경 상륙지
Sir Stamford Raffles Landing Site

이곳에는 싱가포르 건국의 아버지로 불리는 영국의 래플스경 동상이 서있다. 1819년 1월 29일 래플스경이 처음 싱가포르에 상륙해서 발을 디딘 장소에 건립됐다. 당당한 모습으로 팔짱을 끼고 서있는 동상 너머로 싱가포르의 근대화가 시작된 강이 흐르고, 마천루들이 멋진 배경을 이룬다. 래플스경과 함께 기념사진 찍는 일도 잊지 말자.

지도 P.116-C2 **가는 방법** MRT Raffles Place 역에서 도보 5분, 플러튼 호텔 건너편의 아시아 문명 박물관 옆에 있다.

포트 캐닝 파크 Fort Canning Park

1926년 영국군 막사로 건립됐는데 1820년대에는 래플스경이 주거지로 삼으면서 행정의 중심지가 되었고, 제2차 세계대전 때는 요새로 사용하기도 했다. 아직도 언덕 곳곳에서 오래된 성문, 대포 같은 유적과 유럽인들의 무덤을 발견할 수 있다. 현재는 아름다운 경치를 뽐내는 공원으로 거듭나 시민들의 휴식처로 사랑받고 있다. 야외극장에서는 청소년들의 워크숍 · 공연이 열리기도 하며 공원 주변으로 더 글라스 하우스 The Glass House, 플루츠 앳 더 포트 Flutes at the Fort와 같은 레스토랑이 있어 싱그러운 녹음 속에서 여유로운 식사를 즐길 수 있다.

지도 P.116-A2 **주소** 51 Canning Rise, Singapore **전화** 6332-1302 **가는 방법** MRT Doby Ghaut 역에서 도보 5~8분

마리나 베이

싱가포르 플라이어 Singapore Flyer

2008년 오픈한 세계 최대 규모의 관람차로 165m 상공에서 화려하게 빛나는 싱가포르의 스카이라인을 감상하면서 하늘에 떠 있는 듯한 스릴을 느낄 수 있다. 약 30분간 운행하며 마리나 베이부터 센토사 Sentosa, 이스트 코스트 너머의 풍경까지 360도 파노라마로 보여준다. 낮보다는 해가 진 후 찬란하게 빛나는 야경을 감상하는 것이 더 근사하다. 싱가포르 대표 칵테일인 싱가포르 슬링을 마시면서 로맨틱한 시간을 보내기 좋은 싱가포르 슬링 플라이트(성인 1인 S$69), 식사까지 즐길 수 있는 싱가포르 플라이어 스카이 다이닝 플라이트(2인 S$351.92) 등 색다른 프로그램도 준비되어 있다.

지도 P.118-B2 **주소** 30 Raffles Avenue, Singapore **전화** 6734-8829 **홈페이지** www.singaporeflyer.com.sg **운영** 매일 09:30~22:30 **요금** 일반 S$33, 어린이 S$21 **가는 방법** MRT Promenade 역 A번 출구에서 도보 5~7분

멀라이언 파크 Merlion Park

멀라이언상은 싱가포르 하면 가장 먼저 떠오르는 싱가포르의 마스코트. 멀라이언은 머리는 사자, 몸은 물고기 형상을 하고 있는데 싱가포르라는 국명도 산스크리트어로 '사자(Singa) 도시(Pura)'에서 유래했다. 멀라이언상은 물론이고 왼쪽으로는 에스플러네이드, 앞으로는 마리나 베이 샌즈가 펼쳐지는 최고의 포토 포인트이니 기념사진 한 장쯤은 꼭 남기자. 멀라이언 파크 옆으로 이어지는 원 플러튼에는 인기 레스토랑, 스타벅스과 같은 카페들도 있으니 탁 트인 전망을 감상하며 잠시 쉬어가는 것도 좋겠다.

지도 P.118-A2 **주소** One Fullerton, Singapore **가는 방법** ① MRT Raffles Place 역 B번 출구에서 플러튼 호텔 오른쪽 방향으로 도보 5분 ②에스플러네이드에서 멀라이언상을 따라 에스플러네이드 브리지 Esplanade Bridge를 건넌다. 도보 10분

에스플러네이드
Esplanade Theaters on The Bay

두리안을 닮은 독특한 모습으로 싱가포르 하면 떠오르는 대표 아이콘이 된 곳이다. 1만508개의 유리 글라스가 표면을 덮고 있는 이 건물은 공사 기간이 6년 걸렸고 6000만 싱가포르 달러가 투입된 대형 프로젝트였다. 다양한 예술 전시와 문화 공연이 열리는 복합 문화 예술 공간으로 1800석 규모의 대형 콘서트 홀, 극장을 갖추고 있다. 노 사인보드 No Signboard, 마칸수트라 글루턴스 베이 Makansutra Gluttons Bay 등 싱가포르 내에서도 알아주는 알짜배기 맛집도 모여 있어 식도락을 위해 찾는 이들도 상당수다. 야외 공연장에서 왼쪽으로는 마리나 베이 샌즈, 오른쪽으로는 멀라이언상과 우뚝 솟은 빌딩 숲이 펼쳐지는 장관을 감상할 수 있으니 이곳에 들르면 꼭 사진을 찍자. 3층에서 에스컬레이터를 타고 올라가면 나오는 루프 테라스도 빼놓을 수 없는 숨은 명소다. 이곳에서는 마리나 베이 샌즈와 멀라이언상이 파노라마로 펼쳐진다. 야경도 감상하고 멋지게 기념사진도 남겨보자.

지도 P.118-A2 **주소** 1 Esplanade Drive, Singapore **전화** 6828-8377 **홈페이지** www.esplanade.com **운영** 매일 10:00~22:00 **가는 방법** MRT City Hall 역에서 지하로 연결되는 시티링크 몰을 따라 도보 8~10분

플러튼 호텔 The Fullerton Hotel

1928년 건국 100주년을 기념해 완공한 르네상스 양식의 건물로 싱가포르 총독이었던 로버트 플러튼의 이름을 따왔다. 식민지 시대에는 식민 정부의 청사로, 독립 후 중앙우체국으로 쓰이다가 2001년 리노베이션을 통해 호텔로 재탄생했다. 클래식한 위엄을 뽐내는 건축물이 아름다우며 해가 진 후에는 더욱 낭만적이다. 역사적인 건축물이므로 주변에 있는 래플스경 상륙지, 아시아 문명 박물관 같은 관광지와 묶어 둘러보면 좋다. 로비의 더 코트야드 The Courtyard는 싱가포르에서도 손꼽히는 애프터눈 티를 선보이니 오후의 달콤함을 즐겨도 좋겠다.

지도 P.118-A2 **주소** 1 Fullerton Square, Singapore **전화** 6733-8388 **홈페이지** www.fullertonhotel.com **가는 방법** MRT Raffles Place 역에서 도보 5분, 카베나 브리지 Cavenagh Bridge를 건너면 바로다.

가든스 바이 더 베이 Gardens by the Bay

마리나 베이 샌즈에 이어 불가능은 없다는 것을 보여준 싱가포르의 걸작품으로 2012년 새롭게 문을 열었다. 무한한 상상력을 실현시킨 가든스 바이 더 베이는 마치 영화 '아바타' 또는 미래의 정원을 보는 듯 환상적인 기분을 느끼게 해준다. 거대한 규모의 정원으로 1만 7000평에 25만 종류가 넘는 희귀식물들이 살고 있다. 1년 내내 더운 날씨인 싱가포르의 자연환경에서는 볼 수 없는 식물들을 위해 온도와 습도를 최적화해 세계 각국의 다채로운 식물들과 멸종위기의 희귀식물들도 볼 수 있다. 아이들이 좋아하는 칠드런스 가든 Children's Garden, 신비로운 식물의 탄생 과정을 엿볼 수 있는 월드 오브 플랜츠 World of Plants, 다인종 국가인 싱가포르를 구성하고 있는 중국, 말레이시아, 인도 등의 특색 있는 조경들을 볼 수 있는 헤리티지 가든 Heritage Garden 등 10개 테마로 나뉘어 있다. 그중에서도 하이라이트는 웅장한 폭포수를 볼 수 있는 실내 정원 클라우드 포레스트 Cloud Forest와 초대형 식물원 플라워 돔 Flower Dome, 야외 전망대 역할을 하고 있는 OCBC 스카이웨이 OCBC Skyway다. 이 3곳만 **입장료**가 있고 그 외의 정원들은 무료로 즐길 수 있다. 워낙 규모가 방대하니 미니버스를 타고 오디오 가이드와 함께 둘러보는 방법도 추천한다. 이른 아침부터 멋진 야경을 볼 수 있는 밤까지 문을 연다. 청명한 아침과 화려한 조명이 비추는 밤의 정취가 180도 다르니 시간 여유가 있다면 낮과 밤의 모습을 모두 경험해보자.

지도 P.118-B3 **주소** 18 Marina Gardens Drive, Singapore **전화** 6420-6848 **홈페이지** www.gardensbythebay.com.sg **운영** 05:00~02:00(플라워 돔 & 클라우드 포레스트, OCBC 스카이웨이 09:00~21:00) **요금** 야외 정원 무료, 플라워 돔 & 클라우드 포레스트 일반 S$28 어린이 S$15, OCBC 스카이웨이 OCBC SKYWAY 일반 S$8 어린이 S$5 **가는 방법** ① MRT Bayfront 역 B번 출구와 연결된 언더패스를 통해 이동 ② 마리나 베이 샌즈 호텔에서 연결되는 쇼핑몰 4층의 샤넬(CHANEL) 매장 옆 통로로 들어가 에스컬레이터를 타고 이동. 라이언스 브리지(Lions Bridge)를 건너면 가든스 바이 더 베이로 연결된다.

Plus 가든스 바이 더 베이 100% 즐기기

아웃도어 가든 오디오 투어

OUTDOOR GARDEN AUDIO TOUR

'OUTDOOR GARDEN AUDIO TOUR'를 이용하면 걸어 다닐 필요 없이 트램을 타고 이동하면서 설명을 들을 수 있다. 15분 간격으로 운행하며 이 밖에도 오토 라이더와 셔틀 버스도 있다.

위치 (티켓 부스) 비지터 센터 옆 골든 가든(Golden Garden) **운영** 월~금요일 09:00~17:30(매달 첫 월요일은 12:30부터 시작), 토~일요일 09:00~17:00 **요금** 일반 S$8 어린이 S$3

판타스틱한 레이저 쇼 즐기기

가든스 바이 더 베이에서는 매일 7시 45분과 8시 45분에 레이저 쇼를 무료로 선보인다. 슈퍼 트리에서 쏘는 레이저 쇼는 웅장한 음악과 어우러져 잊지 못할 추억을 만들어준다. 마리나 베이 샌즈 호텔에서 연결되는 라이언스 브리지 Lions Bridge 앞 공간은 레이저 쇼를 정면으로 감상할 수 있는 최고의 명당자리다. 슈퍼트리 근처의 넓은 벤치에서 아예 누워서 보는 것도 좋은 방법이다.

+Plus 가든스 바이 더 베이의 하이라이트

가든스 바이 더 베이는 그 규모가 어마어마하게 크기 때문에 미리 어느 정도 계획을 세우고 어디를 볼 것인지 정하는 것이 좋다. 플라워 돔, 클라우드 포레스트, OCBC 스카이웨이를 제외하고는 모두 무료로 개방되니 여유롭게 시간을 갖고 구석구석 탐험해보자.

플라워 돔 Flower Dome

4800평 규모의 초대형 식물원으로, 내부는 지중해성 기후에서 서식하는 식물들을 위해 시원하고 건조한 상태를 유지하고 있다. 지중해 가든, 남아프리카 가든, 호주 가든 등으로 구분되어 있으며 아프리칸 바오밥 나무, 캘리포니아 라일락 등 세계 각국의 이국적인 식물들을 한곳에서 볼 수 있다. 38m 높이의 웅장한 돔은 42종류 3332개의 패널을 퍼즐처럼 맞춰 건축했으며 투명한 유리 너머로 자연 채광이 밝게 들어온다. 항상 시원하고 쾌적한 온도를 유지하고 있기 때문에 무더운 낮에 열기를 피하기에도 제격이다.

지도 P.118-B3 **위치** 매표소 바로 뒤 **운영** 09:00~21:00(마지막 티켓 구매 시간 20:00, 마지막 입장 시간 20:30) **요금** 플라워 돔 **요금** 플라워 돔 & 클라우드 포레스트 일반 S$28 어린이 S$15

클라우드 포레스트 Cloud Forest

안개에 가려진 신비로운 정글을 탐험하는 기분을 만끽할 수 있는 곳으로 해발 2000m 높이의 고산지대에서 서식하는 식물들과 저온다습한 열대지역의 양치식물, 낭상엽 식물 등을 감상할 수 있다. 또한 세계에서 가장 높은 실내 인공 폭포가 있는데 시원한 물소리와 함께 떨어지는 폭포의 모습이 무척이나 멋지다. 높은 산을 재현하기 위해 58m 높이의 인공 산을 만들었다. 엘리베이터를 타고 정상의 로스트 월드 Lost World로 올라간 후 아찔한 구름다리 Cloud Walk를 따라 내려가면서 다양한 식물들을 바로 앞에서 관찰할 수 있다. 지구 온도가 환경에 미치는 영향에 대한 영상을 보여주는 '+5 Degrees'를 마지막으로 끝이 난다.

지도 P.118-B3 **위치** 매표소 바로 뒤 **운영** 09:00~21:00(마지막 티켓 구매 시간 20:00, 마지막 입장 시간 20:30 **요금** 플라워 돔 & 클라우드 포레스트 일반 S$28 어린이 S$15

마리나 베이 샌즈 Marina Bay Sands

마리나 베이 샌즈는 싱가포르의 새로운 아이콘이자 아시아의 새로운 랜드마크다. 마리나 베이 샌즈가 탄생하면서 싱가포르의 스카이라인 자체가 바뀌었고 이 멋진 멀티 플레이스를 보기 위해 싱가포르를 찾는 사람들이 놀랄 만큼 늘어났다. 마리나 베이 샌즈의 심벌인 거대한 배 모양의 스카이 파크는 지상 200m 높이에서 3개의 타워 건물을 연결한다. 마리나 베이 샌즈는 2500개가 넘는 객실을 보유하고 있으며 세계적인 스타급 셰프들의 파인 다이닝 레스토랑과 수십 개의 카페, 레스토랑이 식도락을 책임지고 있다. 고급스러운 명품부터 중급 브랜드까지 다양한 숍들이 있고 싱가포르 최대 규모의 카지노, 컨벤션, 극장까지 갖춰 단순히 멀티 플레이스라고 하기엔 서운할 만큼 즐길 거리가 풍성하다. 아시아를 넘어 전 세계인의 이목을 끄는 특별한 마리나 베이 샌즈의 세계로 들어가 보자.

지도 P.045 **주소** 10 Bayfront Avenue, Singapore **전화** 6688-8868 **홈페이지** www.marinabaysands.com **가는 방법** MRT Bayfront 역 B · C · D · E번 출구에서 바로 연결된다.

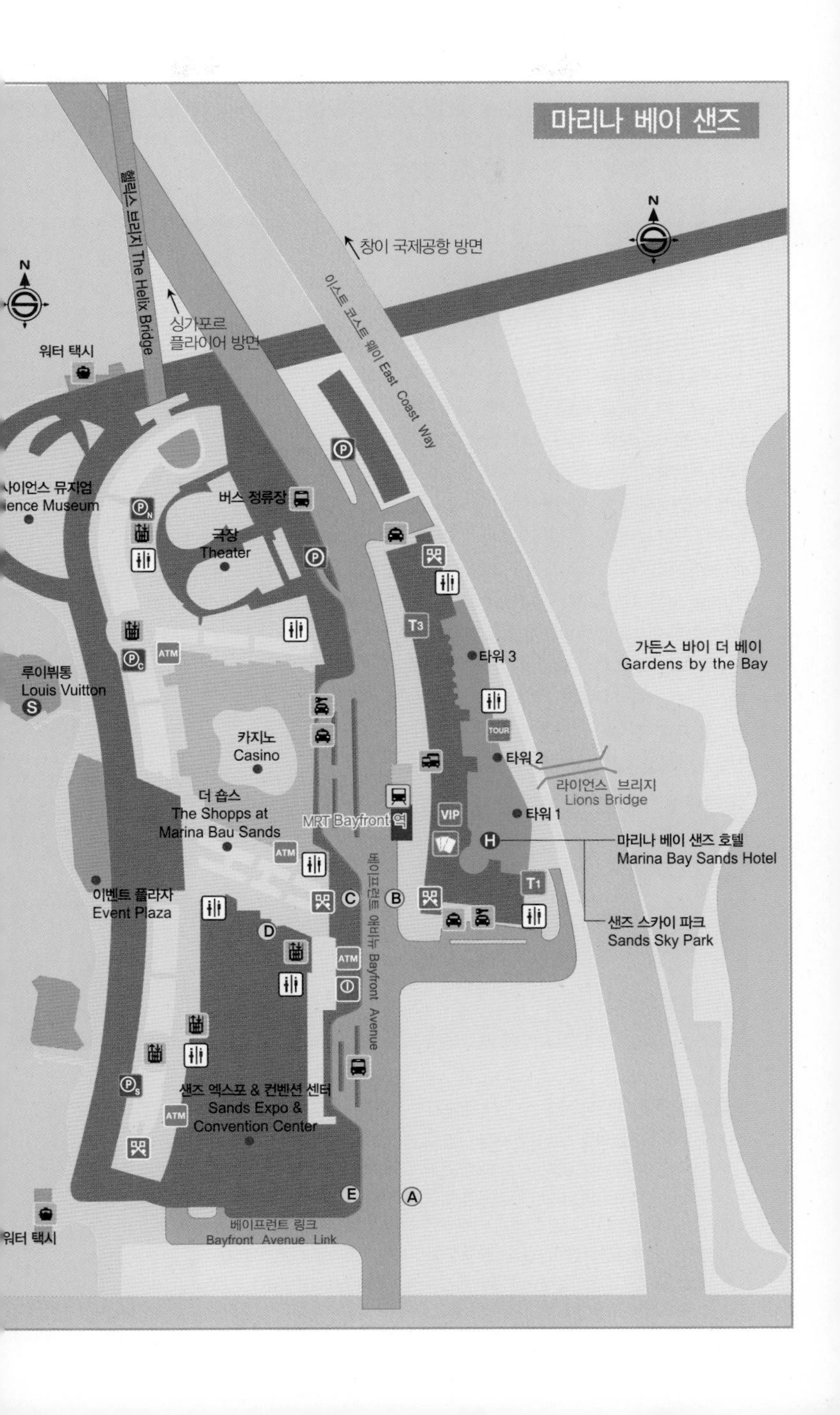
마리나 베이 샌즈
헬릭스 브리지 The Helix Bridge
싱가포르 플라이어 방면
창이 국제공항 방면
이스트 코스트 웨이 East Coast Way
워터 택시
사이언스 뮤지엄
ience Museum
버스 정류장
극장
Theater
루이뷔통
Louis Vuitton
카지노
Casino
타워 3
타워 2
타워 1
가든스 바이 더 베이
Gardens by the Bay
라이언스 브리지
Lions Bridge
더 숍스
The Shopps at
Marina Bau Sands
MRT Bayfront 역
마리나 베이 샌즈 호텔
Marina Bay Sands Hotel
샌즈 스카이 파크
Sands Sky Park
이벤트 플라자
Event Plaza
베이프런트 애비뉴 Bayfront Avenue
샌즈 엑스포 & 컨벤션 센터
Sands Expo &
Convention Center
베이프런트 링크
Bayfront Avenue Link
워터 택시

+Plus 마리나 베이 샌즈의 하이라이트

마리나 베이 샌즈는 규모가 워낙 크기 때문에 투어에 나서기 전 대략적으로 어디에서 무엇을 보고 즐길지 정해두는 것이 좋다. 호텔에 머무는 투숙객이 아니라도 수영장을 제외한 스카이 파크, 카지노, 극장 등을 이용할 수 있고 쇼핑과 식도락, 나이트라이프까지 즐길 수 있으니 하루 반나절을 온전히 보내도 지루하지 않을 것이다.

마리나 베이 샌즈 호텔 Marina Bay Sands Hotel

싱가포르에서 최대 핫 이슈는 역시 마리나 베이 샌즈 호텔이다. 오픈과 동시에 싱가포르를 대표하는 심벌이 된 이 호텔은 카드를 맞대 세워 놓은 것 같은 거대한 3개의 타워로 구성되어 있으며 객실이 무려 2561개에 달한다. 싱가포르 최대 규모의 거물급 호텔이다. 타워1과 타워3에 호텔 체크인 데스크가 있으며 객실은 비교적 넓은 편이고 탁 트인 전망이 시원하다. 하이라이트는 역시 57층의 스카이 파크와 아찔한 인피니티 풀. 싱가포르에서 가장 멋진 이 풀에서는 마리나 베이 너머로 싱가포르의 시티 뷰가 360도 파노라마로 펼쳐진다. 하이라이트인 만큼 오전 6시부터 오후 11시까지 풀을 오픈하고 자쿠지도 있으니 실컷 즐겨보자. 객실은 물론 호텔 내에서 무선 인터넷을 무료로 사용할 수 있다. 워낙 투숙객이 많다 보니 체크인, 체크아웃에 걸리는 시간도 만만치 않다. 객실 내에서 TV 리모컨으로 가능한 비디오 체크아웃, 서류 한 장만 기입하면 되는 익스프레스 체크아웃 등을 이용하면 시간을 절약할 수 있다. 지도 P.045

Tip 삼판 라이드에 몸을 싣고 둘러보기

마리나 베이 샌즈 안의 쇼핑몰인 더 숍스를 더 특별하게 만들어주는 비장의 무기는 바로 푸른 운하. 마치 베네치아를 연상시키는 운하가 마리나 베이 숍스 사이로 흐르고 있어 마리나 베이 샌즈를 한층 더 환상적으로 돋보이게 만들어준다. 이 운하에는 삼판 라이드 SAMPAN RIDES라는 이름에 배가 떠다니고 있어 방문객들은 직접 이 배를 타고 숍들 사이사이를 둘러볼 수 있다. 요금은 1인당 S$10으로 아이들이 특히 좋아해서 가족 여행자들이라면 추천!

운영 일~목요일 11:30~21:00, 금~토요일 11:00~22:00

샌즈 스카이 파크 Sands Sky Park

마리나 베이 샌즈의 꽃이라고 할 수 있는 스카이 파크는 3개의 타워 정상에 마치 거대한 크루즈선을 올려놓은 것 같다. 지상 200m 높이에 위치하고 있으며 넓이 1만2400㎡로 축구장 3개와 맞먹는 규모다. 스카이 파크의 어떤 곳에서도 싱가포르의 모든 것을 한눈에 담을 수 있다. 특히 해가 진 뒤의 야경은 숨이 탁 막힐 정도로 황홀하다. 길이 150m의 수영장은 투숙객만 이용할 수 있지만 쿠데타, 스카이온 57, 스카이 파크 전망대는 투숙객이 아니어도 입장이 가능하다.

지도 P.045 **위치** 마리나 베이 샌즈 타워 56~57층에 있다.

아찔한 마리나 베이 샌즈, 스카이 파크의 루프탑을 즐기는 방법!

인피니티 풀

투숙객이라면 자유롭게 스카이 파크는 물론 마리나 베이 샌즈의 하이라이트인 150m의 길고 긴 인피니티 풀을 즐길 수 있습니다.

야외 전망대

입장료를 내고 사방이 탁 트인 야외 전망대에 올라 싱가포르의 야경을 파노라마로 즐겨보세요. 타워3의 1층에서 에스컬레이터를 타고 발권 카운터로 내려간 다음 승강기를 타고 스카이 파크로 바로 올라갈 수 있습니다.

요금 1인 기준 일반 S$23, 어린이 S$17(투숙객 무료) **운영** 월~목요일 09:30~22:00(금 · 일요일 09:30~23:00)

세라비

멋진 전망을 감상하면서 칵테일까지 곁들여서 제대로 즐기고 싶다면 스카이 파크에 있는 핫한 루프탑 바를 추천합니다.

스파고

야경도 감상하면서 수준 높은 미식을 즐기고 싶다면 이곳이 제격. 셀러브리티 셰프 볼프강 퍽이 진두지휘하고 있는 유명 레스토랑입니다.

리버사이드

클락 키 Clarke Quay

싱가포르 강을 따라서 형성된 키 Quay로는 클락 키, 로버슨 키, 보트 키 등이 있는데 그중에서도 클락 키는 No.1 핫 플레이스로 통한다. 19세기 화물 보관용 창고가 있던 지역이었으나 현재는 인기 레스토랑·바·펍·클럽들이 모여서 하나의 빌리지를 형성하고 있다. 옆으로 이어진 싱가포르 강에는 리버 크루즈들이 오고가 더욱 운치 있다. 스타일리시하고 핫한 레스토랑과 클럽들이 밀집해 있으므로 저녁부터 본격적으로 분위기가 달아오른다. 낮에는 올드 시티나 차이나타운에서 시간을 보낸 후 저녁 때 클락 키로 넘어가서 멋진 밤을 보내면 완벽한 하루가 된다.

지도 P.048~049-B~C1 **주소** 177A River Valley Road, Clarke Quay, Singapore **홈페이지** www.clarkequay.com.sg **가는 방법** MRT Clarke Quay 역에서 도보 3분, 역에서 연결되는 센트럴 쇼핑몰로 나와서 맞은편.

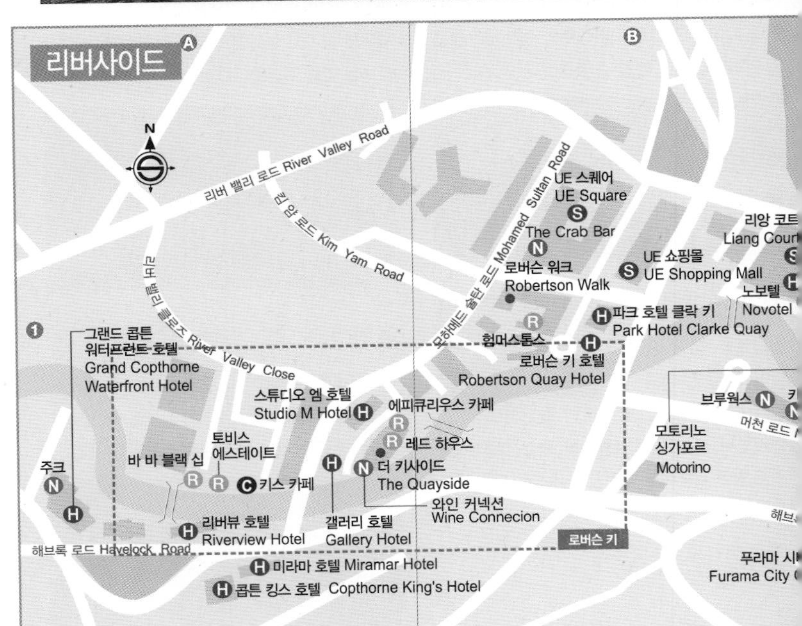

보트 키 Boat Quay

보트 키는 MRT 클락 키 역과 래플스 플레이스 역 사이에 싱가포르 강가를 따라서 형성되어 있다. 클락 키 역 E · F번 출구로 나와서 다리를 건너면 나오는 리버 워크 The Riverwalk가 나오고 그 길을 따라서 노천 레스토랑들이 모여 있는데 그곳이 보트 키 지역이다. 래플스 플레이스 역에서 갈 경우 G번 출구로 나와서 UOB 플라자 타워를 지나면 바로 보트 키가 나온다. 낮에도 문을 여는 곳들도 있지만 대부분 해가 진 오후에 본격적인 영업이 시작되며 운치 있는 강가 쪽 자리가 명당자리다. 클락 키가 여행자들을 위한 관광 지구라면 보트 키는 현지인들과 래플스 플레이스 주변 빌딩에서 일하는 비즈니스맨들이 퇴근 후 시원한 맥주 한잔을 즐기는 펍과 해산물 레스토랑들이 모여 있는 곳이다. 해산물 레스토랑이 가장 많고 인도식·태국식·중국식 등 다양한 레스토랑들도 밀집되어 있다.

지도 P.049-C1 가는 방법 MRT Raffles Place 역 B·G번 출구에서 도보 5분, 빌딩 숲(UOB Center) 옆으로 연결돼 있다.

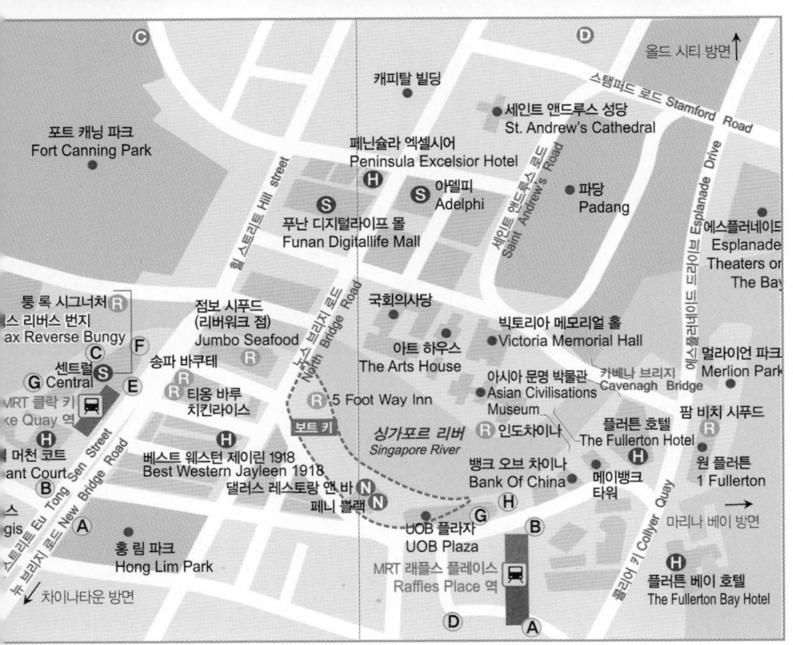

로버슨 키 Robertson Quay

클락 키가 여행자들을 위한 관광 코스라면 로버슨 키는 현지에 거주하는 외국인들이 사랑하는 동네다. 강가를 따라서 테라스 카페, 펍, 레스토랑들이 모여 있으며 강아지와 산책하는 사람, 조깅을 하는 사람들이 여유로운 풍경을 완성시킨다. 괜찮은 브런치 카페들이 많아서 주말 오전이면 금발의 외국인들이 여유롭게 식사를 즐기는 풍경을 볼 수 있으며 저녁이면 강가에서 맥주 한잔을 즐기며 시끌벅적한 분위기로 달아오른다. 클락 키에 비해 화려함은 덜하지만 여유롭고 이국적인 분위기를 좋아한다면 한 번쯤 들러 느긋하게 산책을 즐기고 브런치를 즐겨보는 것도 좋은 추억이 될 것이다.

지도 P.048-A~B1 **가는 방법** MRT Clarke Quay 역에서 나와 센트럴 쇼핑몰 맞은편의 리앙 코트에서 클락 키를 등지고 강가를 따라 도보 8~10분

지 맥스 리버스 번지 G Max Reverse Bungy

클락 키에는 아찔한 스릴을 느낄 수 있는 어트랙션이 있다. 바로 지 맥스 리버스 번지다. 번지 점프와는 반대로 지상에서 공중으로 튀어 오르는 역번지다. 시속 200km의 속도로 하늘을 향해 약 60m 정도 쏘아 올려진다. 새롭게 추가된 GX-5 익스트림 스윙은 상하가 아닌 좌우로 움직이는 어트랙션으로 반짝거리는 클락 키를 내려다보며 색다른 스릴을 느낄 수 있다. 대형 모니터를 통해 번지를 하는 사람들의 생생한 표정을 볼 수 있어 언제나 구경꾼들이 모여든다.

지도 P.049-C1 **주소** Clarke Quay 3E, River Valley Road, Singapore **전화** 6338-1766 **홈페이지** www.gmaxgx5.sg **운영** 매일 14:00~24:00 **입장료** 지 맥스 리버스 번지 S$45, GX-5 익스트림 스윙 S$45 **가는 방법** 클락 키의 3E블록 tcc 카페를 지나서 있다.

Tip 싱가포르 강을 따라 즐기는 크루즈

리버 크루즈는 리버사이드의 심벌입니다. 강 위를 두둥실 떠다니면서 풍경을 감상할 수 있는 즐길 거리이자 싱가포르 플라이어, 마리나 베이 샌즈, 멀라이언 파크 등 주요 관광지들을 연결시켜 주는 중요한 교통수단입니다. 해가 진 후 탑승하면 강가를 따라 반짝이는 야경을 감상할 수 있어 멋지답니다.

스리 마리암만 사원
Sri Mariamman Temple

1827년에 건립된 싱가포르에서 가장 오래된 힌두교 사원이다. 말레이시아 페낭 출신의 무역상이 마리암만 신을 위해 세운 것으로 공사 기간만 15년이 넘게 걸렸다고 한다. 정문에 들어서면 15m나 되는 고푸람에 화려한 힌두교 신들이 조각된 사방 벽과 프레스코화 천장이 위용을 드러내고 있다. 아이러니하게도 힌두 사원이 차이나타운에 있게 된 데는 나름의 사연이 있다. 19세기 중엽까지만 해도 이 근방에는 인도인들이 많이 살았다. 그러나 중국인들에게 밀려 대부분 리틀 인디아 지역으로 주거를 옮겼는데, 이 사원만은 옮길 수 없어 남게 된 것이다. 내부는 일반인도 자유롭게 관람할 수 있다. 하지만 사원에 입장하기 전에는 신발을 벗고 여러 가지 의식을 치러야 한다.

지도 P.123-B1 **주소** 244 South Bridge Road, Singapore **전화** 6223-4064 **운영** 매일 07:30~11:30, 17:30~20:30 **가는 방법** MRT Chinatown 역에서 도보 3~5분, 템플 스트리트 Temple Street에서 사우스 브리지 로드 방향으로 좌회전한다.

불아사 佛牙寺 Buddha Tooth Relic Temple & Museum

420kg의 순금 사리탑에 부처의 '치아'가 봉인되어 있다는 사원이다. 다양한 종파의 특징을 받아들여 독특한 형식으로 건축되었다. 4층까지 있는 비교적 큰 규모로 멀리서도 한눈에 보일 정도다. 지하에는 극장과 식당이 있으며 2~4층은 불교문화박물관도 함께 운영된다. 새벽부터 저녁까지 관련 프로그램이 있으며 홈페이지를 통해 확인할 수 있다.

지도 P.123-B2 **주소** 288 South Bridge Road, Singapore **전화** 6220-0220 **홈페이지** www.btrts.org.sg **운영** 매일 09:00~11:00, 14:00~ 15:30, 18:30~20:00 **가는 방법** MRT Chinatown 역에서 도보 5분, 사우스 브리지 로드의 맥스웰 푸드 센터 건너편에 있다.

시안 혹 켕 사원 Thian Hock Keng Temple

1821년 싱가포르로 이주한 중국 출신 어부들이 안전한 항해와 만선을 기원하며 건립한 도교 사원이다. 1840년 화교들이 모든 건축 자재들을 중국에서 조달해 재건했다고 한다. 사원이 있는 거리 앞은 간척 사업이 이뤄지기 전에는 바다였기 때문에 선원들은 여기서 안전한 항해를 기원하고 배를 탔다고 한다. 입구 처마 끝을 장식한 용의 조각이 눈길을 끌며, 사원에서 퍼지는 진한 향 냄새가 엄숙하고 경건한 느낌을 준다. 가장 아름다운 중국 사원으로 손꼽히며 국가 기념물로 지정돼 있다. 2001년에는 유네스코 아시아 태평양 문화유산 보존상을 수상하기도 했다.

지도 P.123-B2 **주소** 158 Telok Ayer Street, Singapore **전화** 6423-4616 **홈페이지** www.thianhockkeng.com.sg **운영** 매일 06:30 ~17:30 **가는 방법** MRT Tanjong Pagar 역에서 도보 10분, 파이스트 스퀘어가 있는 크로스 스트리트 Cross Street에서 직진하다가 텔록 아예르 스트리트에 있다.

싱가포르 시티 갤러리 Singapore City Gallery

싱가포르의 철저한 도시계획을 엿볼 수 있는 갤러리다. 고유의 전통을 보존하면서 녹색의 첨단 도시로 탈바꿈하는 과정이 경탄을 자아낸다. 총 3층인데 가장 흥미로운 곳은 센트럴 지역 모델 Central Area Model이다. 싱가포르 시티 중심부의 모형을 전시해 한눈에 도시의 전모를 파악할 수 있다. 정교하게 만들어져 싱가포르 지리에 익숙하지 않은 이들도 쉽게 이해할 수 있다. 마리나 베이 Marina Bay와 브라스 바사-부기스 Bras Basah-Bugis에 대한 설계도뿐 아니라 싱가포르 강과 오차드 로드 등의 주요 관광 루트도 상세하게 볼 수 있다.

지도 P.123-B2 **주소** The URA Centre, 45 Maxwell Road, Singapore **전화** 6321-8321 **홈페이지** www.singaporecitygallery.sg **운영** 월~토요일 09:00~17:00 **휴무** 일요일 **가는 방법** MRT Chinatown 역에서 도보 5분, 맥스웰 푸드 센터 뒤쪽 건물이다.

부기스&아랍 스트리트

부기스 스트리트 Bugis Street

우리나라의 동대문시장 같은 곳으로 싱가포르에서 유일하게 북적거리는 야시장의 느낌을 주는 곳이다. 주로 보세 의류·신발·가방·기념품 등을 파는 가게들이 오밀조밀하게 모여 있으며 현지인들에게는 저렴한 가격에 쇼핑을 할 수 있어 인기가 있고 여행자들에게는 왁자지껄한 시장 분위기가 재미있어 인기다. 구경 전에 입구에서 파는 S$1짜리 생과일 주스를 한잔 마시면서 시작하면 더욱 즐겁다. 옷이나 가방·소품 등의 질이나 디자인은 다소 떨어지지만 S$10~20면 하나 건질 수 있는 가격이 매력적이다. 에스컬레이터를 타고 올라가면 보세 여성 의류와 샌들·구두 등을 파는 가게들이 이어진다. 이 가게 저 가게 둘러보며 기념품도 사고 흥정도 해보고 중간중간 현지식 간식 파는 곳에서 재미 삼아 맛도 보며 구경하자.

지도 P.125-A2 **주소** 4 New Bugis Street, Singapore **전화** 6338-9513 **홈페이지** www.bugis-street.com **운영** 매일 11:00~22:00 **가는 방법** MRT Bugis 역 B번 출구에서 대각선 방향으로 부기스 정션 맞은편에 있다.

아랍 스트리트 Arab Street

술탄 모스크가 있는 거리로 아랍 스트리트 또는 캄퐁 글램이라고 부른다. 이곳은 19세기 향신료와 보석·사금 무역을 하던 아랍 상인들의 본거지였다. 현재는 아랍인의 모습은 찾아보기 힘들지만 이슬람 사원, 카펫과 기념품을 파는 가게들이 모여 이국적인 풍경을 이루고 있다. 빛나는 술탄 모스크를 중심으로 히잡을 두른 이슬람 여인들을 볼 수 있으며 이슬람풍의 레스토랑과 숍들도 만나볼 수 있다.

지도 P.126 **가는 방법** MRT Bugis 역 B번 출구에서 래플스 병원을 끼고 우회전해 도보 5~8분

술탄 모스크 Sultan's Mosqu

싱가포르에 있는 80여 개의 이슬람 사원 중 가장 크고 아름다운 자태를 뽐내는 사원으로 싱가포르 이슬람 문화의 중심이라고 할 수 있다. 래플스경이 이 지역의 술탄과 동인도회사 건립 조약을 맺은 것을 기념해 1825년 지어졌으며 1928년 기금을 조성해 지금의 모습으로 재탄생했다. 눈에 띄는 황금색의 웅장한 돔은 아랍 스트리트의 상징이 됐다. 1층에서는 한 번에 5000여 명이 예배를 볼 수 있는데 1층은 남자, 2층은 여자만 기도하도록 나누어져 있다. 안으로 들어가려면 복장에 유의해야 한다. 남자는 최소한 긴 바지를 착용해야 하고 여자는 신체가 노출되는 복장은 삼가야 한다. 그런 복장을 하고 왔다면 입구에서 옷을 빌려서 가려야 한다. 또 세면장에서 손과 발을 깨끗이 씻어야 한다.

지도 P.126-B2 **주소** 3 Muscat Street, Singapore **전화** 6293-4405 **홈페이지** www.sultanmosque.org.sg **운영** 월~목, 토·일요일 09:30~12:00, 14:00~16:00, 금요일 14:30~16:00 **가는 방법** MRT Bugis 역 B번 출구에서 래플스 병원을 끼고 우회전해 도보 5~8분

하지 레인 Haji Lane

독특한 문화가 녹아 있는 아랍 스트리트에서도 가장 재미있는 거리가 바로 하지 레인이다. 200m가 채 안 되는 이 짧은 골목에는 오래된 숍 하우스들이 이어지고 1층에는 개성 넘치는 신진 디자이너들의 부티크 숍과 셀렉트 숍, 카페들이 수두룩하다. 벽에는 그래피티가 가득하고 숍들은 모두 컬러풀하고 감각적이다. 홍대 거리를 연상시킬 만큼 개성 넘치는 거리로 싱가포르의 트렌드세터들에게는 아지트와 같은 곳이다. 숍의 규모는 작지만 유니크한 디자인의 재미있는 아이템들이 가득하니 천천히 구경하면서 보물 찾기에 나서보자.

지도 P.126-A2 **주소** 85 Sultan Gate, Singapore **가는 방법** MRT Bugis 역에서 도보 10~15분, 부소라 스트리트 Bussorah Street에서 내려가 아랍 스트리트를 지나면 보이는 골목 안쪽에 있다.

리틀 인디아

스리 비라마칼리아만 사원
Sri Veeramakaliamman Temple

1835년 시바신의 부인인 칼리 Kali 여신을 숭배하기 위해 지어진 힌두교 사원이다. 리틀 인디아의 메인 거리인 세랑군 로드에 위치하고 있어 리틀 인디아를 여행하다 보면 쉽게 눈에 띈다. 입구에 세워진 화려한 고푸람 Gopuram이 눈길을 사로잡으며 힌두교에서 신성하게 여기는 소와 신화의 신들이 새겨진 제단화와 천장화가 화려하다. 아침부터 저녁까지 하루 4번 푸자 Pooja 기도 시간이 있다.

지도 P.127-A2 **주소** 141 Serangoon Road, Singapore **전화** 6295-4538 **홈페이지** www.sriveeramakaliamman.com **운영** 매일 05:30~12:15, 16:00~21:15 **가는 방법** MRT Little India 역에서 도보 5~7분, 세랑군 로드에 있다.

롱산시 사원 龍山寺
Leong San See Temple

롱산시 사원 또는 드래건 마운틴 게이트 사원이라고도 불리는 싱가포르에서 가장 오래된 불교 사원 중 하나다. 수천 개의 손을 지닌 천수관음상을 차이나타운이 아닌 리틀 인디아에서 만날 수 있다는 점이 인상적이다. 1913년 중국에서 온 승려 춘우에 의해 지어졌다. 춘우는 지금의 레이스 코스에 자리하고 있던 롱산 오두막에 중국에서 가져온 천수관음상 Bodhisattava Kuan Yin을 모시고 환자를 돌보았다. 1926년 중국의 사찰 양식을 기반으로 새롭게 사원을 건축했으며 세 차례에 걸친 재건축을 통해 현재의 사원 모습을 지니게 됐다. 대나무로 만든 둥근 창이 장수를 상징해서 노인들이나 가족들이 많이 찾아온다.

지도 P.127-B1 **주소** 371 Race Course Road, Singapore **전화** 6298-9371 **운영** 매일 06:00~18:00 **가는 방법** MRT Farrer Park 역 B번 출구에서 레이스 코스 로드를 따라 도보 3~5분. 사캬 무니 붓다 가야 사원 맞은편에 있다.

Tip 이스타나 캄퐁 글램 Istana Kampong Glam

아랍 스트리트를 걷다 보면 캄퐁 글램이라는 단어를 자주 접하게 될 거예요. 캄퐁 Kampong은 마을을 의미하며 글램 Glam은 나무 이름입니다. 이 지역에서 자라던 글램 나무에서 지명이 유래한 것이죠. 1819년 래플스경이 싱가포르를 식민지화하고자 싱가포르의 지배자인 술탄과 테멩공에게 막대한 연금을 지불하고 그의 아들인 술탄 후세인을 싱가포르의 왕으로 추대했습니다. 왕이 된 술탄 후세인을 위해 지은 왕궁을 이스타나 캄퐁 글램이라 불렀는데 현재는 문화유산 박물관인 말레이 헤리티지 센터로 바뀌어서 싱가포르 말레이 민족의 문화와 역사를 소개하고 있습니다.

스리 스리니바사 페루말 사원
Sri Srinivasa Perumal Temple

1855년에 세워진 힌두 사원으로 축복의 신 비슈누 Vishnu를 모시고 있으며 배우자인 락슈미 Lakshmi의 상도 함께 모셔져 있다. 사원 앞의 화려한 고푸람과 벽을 따라 놓인 동물들의 상이 인상적이다. 매년 1월 또는 2월에 열리는 힌두교의 유명한 축제 타이푸삼의 출발지로도 유명하다. 축제일에는 단식을 해온 신자들이 얼굴이나 혀에 굵은 침을 꽂고 카바디 Kavadi라 부르는 장식을 등에 지고 행진하는 모습이 장관을 이룬다.

지도 P.127-B1 **주소** 397 Serangoon Road, Singapore **전화** 6298-5771 **운영** 매일 05:45~ 22:00 **가는 방법** MRT Farrer Park 역 G번 출구에서 도보 2~3분

사캬 무니 붓다 가야 사원
Sakya Muni Buddha Gaya Temple

힌두교의 중심이라 할 수 있는 리틀 인디아 지역에서 보기 드문 불교 사원으로 1927년 태국에서 싱가포르로 건 온 베 러블 부티사사라에 의해 지어졌다. 사원 안에는 높이 15m, 무게 300t이 넘는 거대한 부처상이 1000여 개가 넘는 등불에 둘러싸여 있는 모습이 장관을 이룬다. 천등 사원 Temple of Thousand Lights이라는 명칭도 여기서 유래했다. 불상 뒤로는 불상 안으로 들어갈 수 있는 입구가 있으며 화려한 와불과 천장에 십이간지 그림이 그려져 있다.

지도 P.127-B1 **주소** 366 Race Course Road, Singapore **전화** 6294-0714 **운영** 매일 08:00~16:30 **가는 방법** MRT Farrer Park 역 B번 출구에서 레이스 코스 로드를 따라 도보 3~5분. 룽산시 사원 맞은편에 있다.

싱가포르 동부

이스트 코스트 파크 East Coast Park

싱가포르 남동쪽에 위치한 해안을 끼고 있는 넓은 공원으로 주말이면 여가를 즐기려는 이들이 모여든다. 우리의 한강 공원처럼 이스트 코스트 파크는 싱가포르 국민들의 쉼터다. 녹음이 드리워진 공원에는 자전거·인라인·바비큐 등을 즐기는 사람들로 북적거린다. 공원이 워낙 크기 때문에 걸어서 다니는 것보다는 자전거를 타고 바닷바람을 맞으면서 돌아보는 것이 편하고 색다른 즐거움도 느낄 수 있을 것이다. 주변에 자전거를 렌트해 주는 곳들이 있는데 **요금**은 보통 1시간에 S$10 안팎이다. 복합단지 빅 스플래시 Playground Big Splash 주변에는 패스트푸드 · 카페 · 레스토랑 등이 모여 있으므로 공원 산책을 한 후 이곳에서 식사를 하면서 쉬어가자.

지도 P.128-B2 **주소** East Coast Parkway and East Coast Park Service Road(Bedok), Singapore **가는 방법** ①마리나 베이에서 택시로 10~15분(택시 **요금** S$15~) ②MRT Paya Lebar 역에서 택시로 10분

와일드 와일드 웻 Wild Wild Wet

2004년 문을 연 싱가포르 최초의 워터 테마 파크로 신나게 물놀이를 즐길 수 있어서 아이가 있는 가족 여행자들이 즐겨 찾는다. 슬라이드, 파도 풀 등의 스릴 넘치는 어트랙션이 10여 가지 있다. 강심장을 가졌다면 슬라이드 업 Slide Up을 꼭 타볼 것! 아찔하게 경사진 튜브를 탄 채 양쪽으로 슬라이드를 즐길 수 있는데 짜릿한 스릴이 느껴진다. 테마파크 안에서는 펑키 Funky라는 카드를 충전해서 자유롭게 사용하고 남은 돈을 돌려받을 수 있는 시스템이며 튜브와 구명조끼는 무료로 빌려준다.

주소 1 Pasir Ris Close, Singapore **전화** 6581-9128 **홈페이지** www.wildwildwet.com **운영** 월~금요일 13:00~19:00, 토~일요일 10:00~19:00 **입장료** 일반 S$24~, 어린이 S$18~, 가족(일반 2명+어린이 2명) S$78~ **가는 방법** MRT Pasir Ris 역에서 버스 354번이나 택시를 타면 된다.

싱가포르 주롱&북부 지역

주롱 새공원 Jurong Bird Park

1971년 싱가포르 정부가 만든 아시아 최대의 새공원 중 하나로 약 20만㎡ 규모이며, 600여 종 8000마리 이상의 새들이 울창한 자연 환경 속에서 살고 있다. 동남아와 아프리카 · 유럽 등 세계 전역에서 수집한 조류들이다. 월드 오브 다크니스 World Of Darkness에서는 올빼미 · 왜가리 등 야행성 조류, 폭포 새장에서는 관광객들이 직접 들어가서 날아다니는 새들을 가까이서 자유롭게 관찰할 수 있다. 호수에는 백조와 펠리컨들이 우아한 자태를 뽐내고 있으며 귀여운 펭귄들도 볼 수 있다. 하이라이트는 새들의 묘기를 구경할 수 있는 버드 쇼! 공원 한가운데 있는 원형극장에서 각종 버드 쇼가 열리니 브로슈어의 스케줄을 확인하고 관람하도록 하자. 트램 라이드 Tram Ride를 타면 더 편하게 트램을 타고 가이드의 설명을 들으면서 이동할 수 있으니 더위도 피할 겸 이용해보자.

지도 P.129-A2 **주소** 2 Jurong Hill, Singapore **전화** 6265-0022 **홈페이지** www.birdpark.com.sg **운영** 매일 08:30~18:00 **입장료** 일반 S$30, 어린이(3~12세) S$20, Tram Ride(왕복) 일반 S$5, 어린이(3~12세) S$3 **가는 방법** MRT Boon Lay 역에서 버스 194·251번을 타고 10분

Tip 주롱 새공원 내의 레스토랑 & 쇼핑

주롱 새공원 내에는 'Hawk Cafe'를 비롯해 6개의 레스토랑 및 카페가 있어서 관광 후 가볍게 식사를 하거나 음료를 마시며 쉬어가기 좋다. 공원 내 송버드 테라스 Songbird Terrace는 플라밍고 호수Flamingo Lake 옆 에 위치한 레스토랑으로 생생한 버드 쇼를 감상하며 식사를 즐길 수 있다. 낮 12시 30분부터 2시까지 런치 뷔페를 운영하며 요금은 일반 S$25, 어린이 S$20이다. 특별한 식사를 경험하고 싶은 이들에게 추천한다.

Enjoy 주롱 새공원 즐기기

주롱 새공원 관광에 앞서 우선 브로슈어를 보고 버드 쇼와 프로그램들을 체크해보자. 흥미로운 버드 쇼는 물론 새들에게 직접 먹이를 줄 수 있는 다양한 행사들이 시간대별로 준비되어 있다.

High Flyers Show 시간 매일 11:00, 15:00
주롱 새공원의 간판 쇼로 홍학들과 앵무새의 깜찍한 재롱을 감상할 수 있다. 후프 통과, 새 앉히기 등의 활동에 관객이 참여하기도 한다.

Kings of the Skies Show 시간 매일 10:00, 16:00
독수리·매와 같은 맹금류가 출연하는 쇼. 손 위에 매를 앉히고, 말을 타고 독수리를 부르기도 한다. 용맹스러운 맹금류들의 자태가 근사하다. 매를 손에 앉히는 체험에 참여할 수도 있다.

Lunch with Parrots 시간 매일 12:00, 14:00
앵무새 쇼와 함께 런치 뷔페를 먹을 수 있는 프로그램. 장소는 Songbird Terrace이며 별도로 요금이 추가된다. 쇼는 13:00부터 약 30분간 진행된다.

싱가포르 동물원 Singapore Zoo

1973년 문을 연 싱가포르 동물원은 독도의 1.5배에 달하는 28만㎡의 거대한 규모를 자랑한다. 개방식 동물원이어서 철창이나 울타리 없이 오픈된 구조로 자연과 동물들을 있는 그대로 만날 수 있어 답답함이 없고 자연친화적이다. 240여 종 3000여 마리의 동물들이 살고 있으며 그중에는 코모도 드래건, 골든 라이언 타마리처럼 멸종 위기에 처한 40여 종의 희귀 동물들도 있다. 동물들이 공연하는 쇼나 함께 사진 찍기, 먹이 주는 체험 등 즐길 거리도 풍부하다. 오랑우탄과 차를 마시는 프로그램과 말과 코끼리를 직접 타 볼 수 있는 프로그램 또한 가족 여행자들에게 인기가 높다. 브로슈어에서 먹이 주기, 사진 촬영 등에 대한 내용을 확인할 수 있다. 워낙 규모가 크기 때문에 트램을 타고 이동하면 더 편하게 둘러볼 수 있다. 요금은 S$5이며 무제한으로 탈 수 있다.

지도 P.129-B1 **주소** 80 Mandai Lake Road, Singapore **전화** 6269-3411 **홈페이지** www.zoo.com.sg
운영 매일 08:30~18:00 **입장료** 일반 S$35, 어린이(3~12세) S$23

나이트 사파리 Night Safari

세계 최초의 야간 개장 사파리로 싱가포르에서 꼭 봐야 할 대표 관광 코스다. 나이트 사파리는 말 그대로 어둠 속에서 동물들을 관찰하는 것인데 체험해 보지 않으면 절대 알 수 없는 특별하고 신비로운 경험을 할 수 있다. 12만 평 규모의 광대한 부지에 30여 종 1000여 마리의 동물이 서식하고 있으며 80% 이상이 야행성 동물이다. 아무런 장애물 없이 어둠 속에서 자연 상태의 동물들을 지켜보노라면 동물원이 아니라 마치 울창한 정글에서 숨죽이고 있는 듯한 기분이 든다. 동남아시아의 열대우림, 아프리카의 사바나, 네팔의 협곡, 남아메리카의 팜파스, 미얀마의 정글 등 총 8개 구역으로 나누어져 있으며 도보와 트램을 이용할 수 있다. 트램을 탈 경우 가이드의 설명을 들으면서 동물들을 관찰할 수 있으며 도보는 4가지 코스의 워킹 트레일을 이용하면 된다. 동물들에게 스트레스를 주지 않기 위하여 달빛과 같은 성질의 빛을 조명으로 쓰고 있으며 사진 촬영은 가능하나 플래시를 사용하는 것은 절대 금물이다.

지도 P.129-B1 **주소** 80 Mandai Lake Road, Singapore **전화** 6269-3411 **홈페이지** www.zoo.com.sg

운영 매일 19:30~24:00(마지막 입장은 23:15까지) **입장료** 일반 S$47, 어린이(3~12세) S$31

리버 사파리 River Safari

미시시피강, 나일강, 콩고강, 메콩강, 양쯔강, 갠지스강이 한곳에 있다면? 상상만으로도 즐거운 일이 일어났다. 지난 2013년 새롭게 문을 연 리버 사파리는 아시아 최초로 강을 테마로 한 테마파크다. 싱가포르 동물원 내 위치한 야생 생태공원으로 전 세계를 대표하는 6개의 주요 강과 각 지역 환경을 그대로 재현했다. 무려 12ha의 면적에 300여 종 5000마리 이상의 다양한 동식물들을 만날 수 있으며, 가족과 함께 강을 따라 형성된 산책로를 걸으며 열대우림 환경을 체험할 수 있다. 평소 쉽게 만날 수 없는 자이언트 메기, 강 수달, 세계에서 가장 큰 담수어 아라파이마 Arapaima 등 희귀종 수생 동물과 판다, 원숭이 같은 육상 동물 등을 구경할 수 있다. 특히 리버 사파리의 인기 스타인 판다 '카이카이'와 '지아지아'는 양쯔강 유역에서 만날 수 있고 아마존 유역은 메너티 Manatee를 구경할 수 있는 수족관도 있다. 강을 보트를 타고 즐기는 리버 사파리 크루즈와 아마존 리버 퀘스트를 이용해 둘러 볼 수도 있다.

지도 P.129-B1 **주소** 80 Mandai Lake Road, Singapore **전화** 6269-3411 **홈페이지** www.riversafari.com.sg **운영** 09:00~18:00 **입장료** 일반 S$32, 어린이(3~12세) S$21 **가는 방법** 싱가포르 동물원 옆에 위치

Enjoy 리버 사파리의 추천 즐길 거리

리버 사파리는 강을 테마로 한 만큼 물 위를 둥둥 떠다니며 관람할 수 있는 크루즈는 꼭 한 번 타볼 만하다. 귀여운 판다들을 테마로 한 레스토랑과 숍도 있어 여행자들에게 즐거움을 준다.

아마존 리버 퀘스트
Amazon River Quest

통통배와 같은 아담한 보트를 타고 아마존 양 옆으로 재규어, 브라질 테이퍼 등 동물들의 생태 환경을 감상할 수 있다. 소요 시간은 약 10분으로 짧은 편. 마치 놀이공원의 후롬나이드를 타고 리버 사파리를 둘러보는 기분을 느낄 수 있다. 마감이 일찍 끝나는 편이니 늦지 않게 가는 것이 좋으며 매달 정기적으로 **휴무**가 있으니 미리 체크할 것.

운영 10:00~16:30 (티켓 판매 15:29까지)

입장료 일반 S$5, 어린이 S$3

리버 사파리 크루즈
River Safari Cruise

2014년 8월 문을 연 크루즈로 인공 호수를 떠다니는 크루즈 배에 몸을 싣고 울창한 자연을 유유히 돌아볼 수 있는 투어다. 리버 사파리는 물론 싱가포르 동물원, 나이트 사파리와 이어지는 주변 환경을 둘러볼 수 있다. 투어는 약 15분 동안 이뤄지며 입장권 안에 포함된 사항으로 별도의 티켓을 구입하지 않아도 된다.

운영 10:30~18:00

자이언트 판다 포레스트 Giant Panda Forest

세계적으로 1600마리도 채 남지 않은 멸종위기의 자이언트 판다를 볼 수 있다. 양쯔강 유역 내에 있으며 천진난만하게 놀고 있는 자이언트 판다 카이카이 Kai Kai와 지아지아 Jia Jia를 만날 수 있다. 또 너구리 판다라고 불리는 레드 판다 Red Panda도 함께 볼 수 있다.

운영 10:00~17:30 (티켓 판매 17:00까지)

Tip 리버 사파리 내의 먹거리 & 쇼핑

리버 사파리 내에는 2개의 레스토랑이 있다. 리버 사파리 티 하우스 River Safari Tea House에서는 싱가포르 로컬 음식과 중국 음식을 주로 다룬다. 바쿠테, 베이징 덕 등을 맛볼 수 있다. 마마 판다 키친 Mama Panda Kitchen은 중국 음식을 전문적으로 다루는데 간판처럼 곳곳에 판다를 주제로 귀엽게 꾸며져 있다. 대나무로 만든 테이블과 판다 의자 등 인테리어는 물론 귀여운 판다 모양의 딤섬, 대나무 밥 등 음식들도 흥미롭다. 리버 사파리 숍 River Safari Shop에서는 물고기, 동물 캐릭터가 그려진 티셔츠를 비롯해 다채로운 기념품을 판매하고 있으며 하우스 오브 카이카이 & 지아지아 House of Kai Kai & Jia Jia에는 귀여운 판다 기념품들이 가득하다.

센토사

윙즈 오브 타임 Wings of Time

센토사에서 가장 인기 높았던 공연 '송즈 오브 더 시'가 막을 내리고 '윙즈 오브 타임'으로 새롭게 재단장했다. 송즈 오브 더 시를 감독했던 프랑스 ECA2 팀이 총괄 기획, 디자인한 멀티미디어 쇼로 약 90억 원을 투자한 공연이다. 윙즈 오브 타임은 호기심 많고 모험심이 강한 소녀 레이첼과 소심한 필렉스가 긴 잠에서 깨어난 선사시대 신화 속의 새 '샤바즈 Shahbaz'를 만나 집으로 돌아가는 여정을 그린 이야기다. 25분간의 여정은 바다 위에 설치된 무대장치와 레이저, 분수, 조명 등 화려한 효과를 통해 극대화된다. 센토사의 실로소 해변과 멋진 바다를 배경으로 야외 공연장에서 펼쳐지며 특히 아이를 동반한 가족 여행자들에게 인기가 좋다. 하루 2회 공연하며 미리 티켓을 예매해두는 것이 좋다.

지도 P.131-C1 **주소** Siloso Beach, Sentosa Express Beach Station, Singapore **전화** 6736-8672 **홈페이지** www.wingsoftime.com.sg **입장료** 일반 S$18, 프리미엄 S$23 공연 1회 19:40, 2회 20:40 **가는 방법** 모노레일 Beach Station 앞 해변 방향으로 도보 2분

싱가포르 케이블카 Singapore Cable Car

하버 프런트에서부터 센토사까지 연결해주는 케이블카를 운행한다. 약 15분 동안 케이블카 안에서 발 밑의 바다와 센토사의 전망을 바라보는 기분이 아찔하다. 센토사에서는 타이거 스카이 타워 옆 승강장에 내려주며 편도와 왕복 요금의 차이가 거의 없으니 왕복으로 끊는 것이 유리하다. 최근 센토사 라인이 추가 되었으며 두 가지 라인을 모두 즐길 수 있는 통합권, 케이블 카 스카이 패스 Cable Car Sky Pass(일반 S$33, 어린이 S$22)를 구입하면 마운트 패버 라인과 센토사 라인을 모두 탈 수 있다.

지도 P.130-A1 **홈페이지** www.singaporecablecar.com.sg **운영** 매일 08:45~22:00 **입장료** 마운트 페이버 라인 일반 S$33, 어린이 S$22, **센토사 라인** 일반 S$15, 어린이 S$10, **마운트 페이버 라인 + 센토사 라인** 일반 S$35, 어린이 S$25 **가는 방법** ①센토사 섬으로 들어갈 때: 하버 프런트 타워2 빌딩 15층 ②하버 프런트로 나올 때: 센토사의 타이거 스카이 타워 옆 케이블카 승강장에서 탄다.

타이거 스카이 타워
Tiger Sky Tower

센토사에서 가장 높은 전망대인 타이거 스카이 타워는 해발 131m의 높이에서 360도의 짜릿한 전망을 볼 수 있다. 정상에 올라가면 리조트 월드를 비롯한 센토사 전역과 멀리 남쪽의 섬들까지 싱가포르의 스카이라인을 한눈에 볼 수 있어 감탄사가 절로 나온다. 약 7분 정도 전망을 감상할 수 있으며 낮보다는 화려한 야경을 감상할 수 있는 저녁에 가는 것이 좋다.

지도 P.131-C2 **홈페이지** www.skytower.com.sg **운영** 매일 09:00~21:00 **입장료** 일반 S$18, 어린이 S$10 **가는 방법** 임비아 룩아웃 앞, 케이블카 승강장 옆(Imbiah Station에서 도보 3분)에 있다.

멀라이언 The Merlion

센토사의 심벌이자 아이콘이 된 멀라이언 타워는 그 높이가 무려 37m에 달하는 거대한 석상이다. 싱가포르에 있는 멀라이언상 중에서도 가장 큰 규모로 실제로 보면 엄청난 크기에 놀라게 된다. 입구에 들어가면 절반은 사자이고 절반은 물고기 형상을 한 멀라이언이 싱가포르의 상징이 되기까지의 스토리를 애니메이션으로 관람할 수 있다. 석상 안으로 들어가 엘리베이터를 타고 올라간 후 계단을 통해 멀라이언의 머리 부분까지 갈 수 있다. 전망대에서 시원스러운 센토사 주변 경관을 즐길 수 있다.

지도 P.131-C2 **운영** 매일 10:00~20:00 **입장료** 일반 S$18, 어린이 S$15 **가는 방법** 모노레일 Imbiah Station에서 도보 3~5분

S.E.A. 아쿠아리움 S.E.A. Aquarium

세계 최대 규모를 자랑하는 초대형 아쿠아리움. 무려 4500만 L의 물을 사용하였으며 800종이 넘는 해양 생물 10만 마리가 살아 숨쉬고 있는 초특급 아쿠아리움이다. 10개 해협을 테마로 수중 생태계와 해당 생태계를 이루는 어종들을 관람할 수 있으며, 오픈 오션 Open Ocean은 한쪽 벽면 전체가 유리로 되어 있어 마치 바닷속에서 해양 생물들을 관찰하는 기분을 느낄 수 있다. 아쿠아리움에는 돌고래, 상어, 백상아리, 가오리, 자이언트 머레이 등 쉽게 만나볼 수 없는 어종들이 살아 숨쉬고 있다. 하루 3번 전문 다이버들, 아쿠아리움 큐레이터와 함께하는 시간은 또 다른 볼거리. 최고의 하이라이트는 터널처럼 길게 쭉 뻗어 있는 샤크 시 Shark Seas. 반원 모양으로 머리 위까지 유리 수족관으로 되어 있어 이곳을 통과할 때는 200마리에 가까운 상어들이 머리 위를 헤엄치는 모습을 생생하게 관찰할 수 있다. 아쿠아리움 내에는 신비로운 바닷속 풍경을 보며 식사를 즐길 수 있는 오션 레스토랑도 있다.

지도 P.131-C2 **주소** S.E.A. Aquarium, 8 Sentosa Gateway, Sentosa Island, Singapore **전화** 6577-8888 **홈페이지** www.rwsentosa.com **운영** 10:00~19:00 **입장료** 일반 S$39, 어린이(3~12세) S$29 **가는 방법** 센토사 모노레일 이동 시 Waterfront Station에서 내리면 연결되는 리조트 월드 센토사 내 해양 체험 박물관 지하에 위치

어드벤처 코브 워터파크
Adventure Cove Waterpark

리조트 월드 센토사 안에 있는 워터파크로 무더위를 피해 시원하게 물놀이를 즐길 수 있는 오아시스 같은 곳. 보통의 워터파크처럼 슬라이드, 플라스틱 원통 롤러코스터, 웨이브 풀이 있어 신나게 물놀이를 즐기는 것은 물론이고 해양 생물들과 특별한 경험을 할 수 있다는 점이 차별화된 전략. 샤크 인카운터 Shark Encounter는 상어들이 있는 해저 속을 경험하는 프로그램인데 특별 제작된 아크릴 통 안에 들어가서 관찰하기 때문에 안전하다. **요금**은 S$38. Sea Trek® Adventure는 1000마리가 넘는 해양 생물들이 살아 숨쉬는 해저 세계를 경험할 수 있는 프로그램으로 특수 제작된 수중 헬멧을 쓰고 들어간다. **요금**은 S$238로 다소 비싸지만 수천 마리의 해양 생물들을 가까이서 생생하게 관찰하는 특별한 경험을 할 수 있다. 더운 날씨에 유니버설 스튜디오를 구경한 뒤 물놀이를 하기에 좋고 S.E.A. 아쿠아리움과 함께 1일, 2일권으로 판매하는 패키지 티켓도 판매한다. 워터파크 내에는 휴식을 취할 수 있는 카바나와 라커 등이 있으며 식당도 있어 식사를 해결하기에도 좋다.

지도 P.131-C2 **주소** Adventure Cove Waterpark™, 8 Sentosa Gateway, Sentosa Island, Singapore **전화** 6577-8888 **홈페이지** www.rwsentosa.com **운영** 10:00~18:00 **입장료** 일반 S$38, 어린이 S$30 **가는 방법** 센토사 모노레일 이동 시 Waterfront Station에서 내리면 연결되는 리조트 월드 센토사 내 해양 체험 박물관 건물 뒤쪽에 위치하고 있다.

센토사 루지 & 스카이 라이드

Sentosa Luge & Sky Ride

센토사의 어트랙션 중 베스트로 꼽히는 것으로 썰매처럼 생긴 루지를 타고 가파른 경사를 내려오며 스피드를 즐길 수 있다. 실로소 비치까지 600m가 넘는 구간을 바람을 가르며 내려오는 짜릿한 스릴을 느껴본 사람들은 1회권보다는 2회권을 추천한다. 특수 설계된 스틱을 당기고 밀면서 속도를 조절하며 스피드를 만끽할 수 있는데 생각보다 쉬우니 겁내지 않아도 된다. 가족과 함께 여러 번 타고 싶다면 패밀리 딜을 추천. 4회부터 10회까지 있으며 요금을 조금 더 아낄 수 있다. 루지와 함께 패키지로 파는 스카이 라이드도 탁 트인 센토사의 전망을 감상하기 좋다. 티켓은 타이거 스카이 타워의 반대편 매표소와 실로소 비치 앞의 매표소에서 살 수 있다.

지도 P.131-C1 **전화** 6736-8672 **홈페이지** www.skylineluge.com **운영** 매일 10:00~21:30 **입장료** 루지 & 스카이 라이드 콤보 2회 S$23.50, 4회 S$28 **가는 방법** ①케이블카 승강장 근처에서 도보 1분 ②모노레일 Imbiah Station에서 도보 3분

센토사의 해변 Sentosa Beach

지도 P.130-B2, C2, D2

센토사에는 3개의 대표적인 해변 실로소 비치 Siloso Beach, 팔라완 비치 Palawan Beach, 탄종 비치 Tanjong Beach가 있다. 해변마다 분위기가 조금씩 다른데 팔라완 비치는 해변에서 즐길 수 있는 액티비티가 다양해서 가족 여행지로 안성맞춤이다. 실로소 비치는 활기찬 레스토랑, 비치 클럽 등이 모여 있고 해변 파티가 열리는 등 젊은 여행자들과 친구끼리 온 여행자들이 좋아할 만하다. 또 탄종 비치는 비교적 한적하고 여유로운 분위기로 연인과 커플들에게 제격이다. 하늘 높이 쭉쭉 뻗은 야자수와 모래사장이 펼쳐지며 한가롭게 태닝을 하거나 비치발리볼을 즐기는 이들을 볼 수 있다. 무료 샤워 시설과 라커, 자전거 대여 등 편의 시설이 잘 갖춰져 있으므로 이곳에서 숙박하지 않더라도 수영복과 타월 등을 챙겨서 반나절 정도 해변에서 신나게 놀고 비치 클럽에서 식사를 하는 것도 괜찮을 것이다.

Singapore's Mega Playground!

리조트 월드 센토사 & 유니버설 스튜디오
Resort World Sentosa & Universal Studios Singapore

관광과 휴양의 섬 센토사는 리조트 월드 센토사의 탄생으로 더욱 완벽한 엔터테인먼트 아일랜드로 재탄생했다. 리조트 월드 센토사는 관광과 휴양·식도락·쇼핑·카지노·서커스 등을 한꺼번에 즐길 수 있는 복합 엔터테인먼트 리조트 월드로 아시아 최대 규모를 자랑한다. 또한 리조트 월드 센토사의 꽃인 유니버설 스튜디오 테마파크와 호텔들·카지노·시어터 등의 면적만 해도 49ha에 달하며 65억 싱가포르 달러가 투자됐다. 리조트 월드 센토사 오픈 후 센토사의 관광객이 3배나 늘었다고 한다. 센토사에 왔다면 싱가포르의 대표 테마파크로 등극한 리조트 월드 센토사를 즐겨보자.

Access

리조트 월드 센토사로 가는 방법 지도 P.130-B2, 70

1. 센토사 익스프레스(모노레일) 이용 시 워터프런트 Waterfront 역에서 하차(1인당 S$4, 센토사 내에서는 무료)
2. 케이블카 이용 시 페스티브 워크를 따라 도보 10분
3. 택시 이용 시 지하 1층 카지노 택시 스탠드에서 하차 후 에스컬레이터로 이동한다.
4. 센토사 보드워크(S$1) 이용 시 표지판을 따라 도보 10분

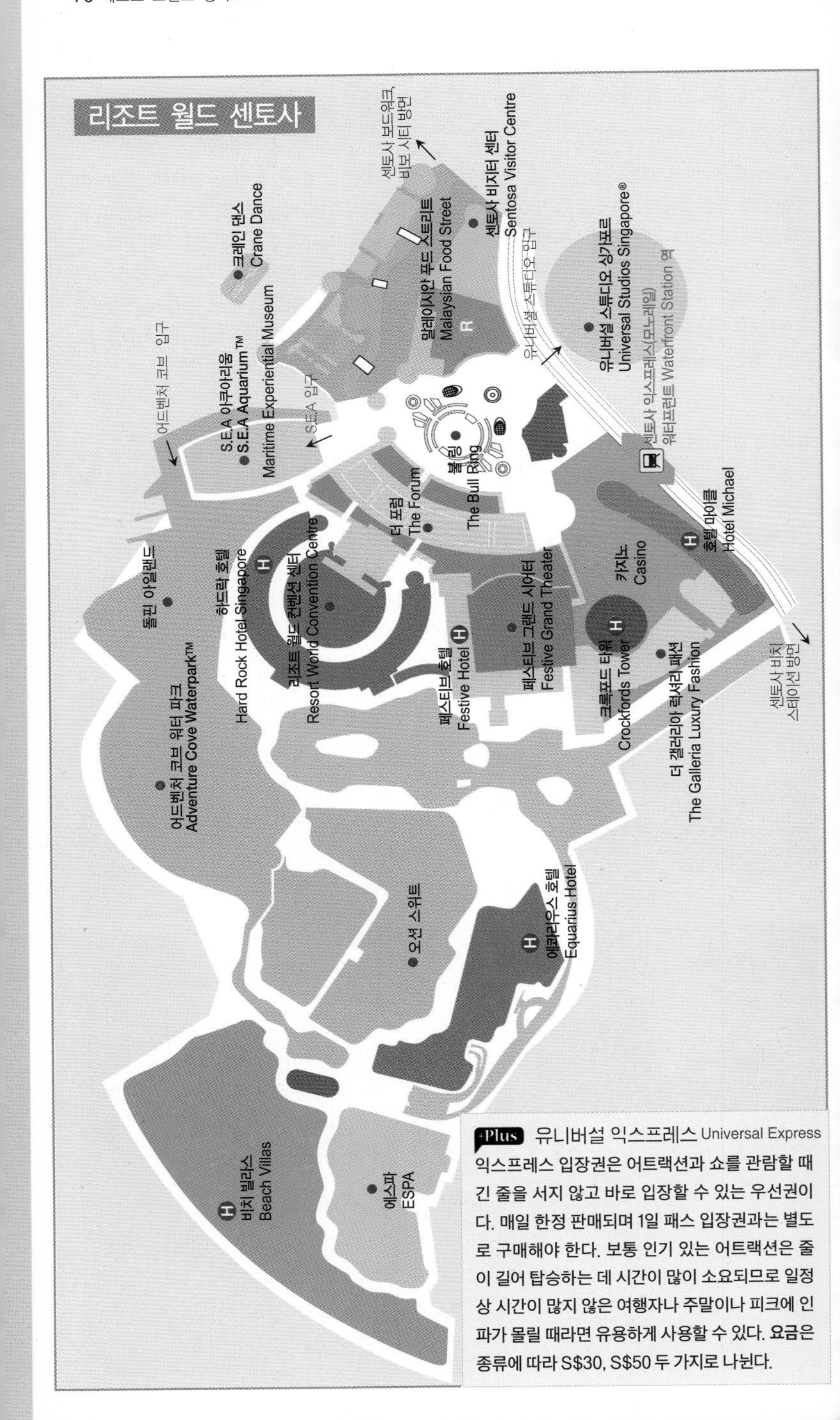

Plus 유니버설 익스프레스 Universal Express

익스프레스 입장권은 어트랙션과 쇼를 관람할 때 긴 줄을 서지 않고 바로 입장할 수 있는 우선권이다. 매일 한정 판매되며 1일 패스 입장권과는 별도로 구매해야 한다. 보통 인기 있는 어트랙션은 줄이 길어 탑승하는 데 시간이 많이 소요되므로 일정상 시간이 많지 않은 여행자나 주말이나 피크에 인파가 몰릴 때라면 유용하게 사용할 수 있다. 요금은 종류에 따라 S$30, S$50 두 가지로 나뉜다.

유니버설 스튜디오 싱가포르 Universal Studios Singapore

동남아시아 최초의 유니버설 스튜디오로 오픈 전부터 큰 화제를 모았다. 유니버설 스튜디오 싱가포르는 영화를 주제로 한 총 7개의 테마관과 24가지의 어트랙션을 갖추고 있다. 또한 카페, 레스토랑, 기념품 숍 등이 구석구석에 자리 잡고 있다. 유니버설 스튜디오의 심벌인 유니버설 글로브를 지나 입장하면 화려한 축제가 시작된다. 헐리우드의 영화 거리를 그대로 재현한 테마 파크를 시작으로 다양한 어트랙션이 줄줄이 이어진다. 곳곳에 슈렉, 마릴린 먼로, 베티붑 등의 캐릭터들이 기다리고 있어 신나게 포토타임을 즐길 수 있고 유니버설 스튜디오만의 다양한 기념품을 살 수 있는 숍들이 있으며 레트로풍의 카페와 레스토랑도 있어 식도락 문제도 해결해준다.

★유니버설 스튜디오 싱가포르의 티켓 구입

전화 6577-8899 **티켓 부스 운영** 월~목 · 일요일 09:00~19:00, 금 · 토요일 09:00~21:00 **운영** 매일 10:00~19:00(마감 시간은 19:00~22:00까지 일별로 차이가 있으니 홈페이지 참고)

티켓 종류	일반	어린이(4~12세)	60세 이상
1일권	S$76	S$56	S$38
2일권	S$145	S$106	S$76

※ 모든 패스는 인터넷 예매가 가능하며 현장에서 신용카드로도 구매가 가능하다. 인터넷 예매 시 예매 후 메일로 전송되는 예약확인증을 꼭 프린트하여 지참해야 한다.

헐리우드 Hollywood

영화계의 성지와도 같은 헐리우드 판타지 극장을 모델로 한 브로드웨이 스타일의 극장과 레트로풍의 레스토랑, 올드 카가 있는 1950년대 거리를 그대로 재현해 브로드웨이로 타임머신을 타고 이동한 듯한 기분이 든다. 이곳의 판타지 헐리우드 극장에서는 뮤지컬 등 다양한 이벤트가 열린다. 유니버설 스튜디오 스토어에서는 머그 컵, 티셔츠, 인형 등 이곳만의 기념품을 판매하므로 꼭 들러보자. 출출하다면 영화 〈청춘 낙서〉의 배경을 그대로 옮겨 놓은 듯한 멜즈 드라이브 인 Mel's Drive-In®에서 정통 미국식 햄버거를 먹으며 헐리우드의 기분을 만끽해보자.

뉴욕 New York

거리에 뉴욕을 상징하는 건물들이 이어져 실제로 현장에 온 것처럼 느껴진다. 스티븐 스필버그의 특수효과 무대 'Lights, Camera. Action!' 을 통해 영화 세트장과 제작 현장을 엿볼 수 있다. 뉴욕 스타일의 요리를 선보이는 레스토랑도 두 곳 있다. 케이티 그릴 KT's Grill은 1950년대 스타일의 클래식한 레스토랑으로 스테이크와 해산물이 훌륭하며, 루이스 뉴욕 피자 팔러 Loui's NY Pizza Parlor에서는 오리지널 뉴욕 스타일 피자를 맛볼 수 있다. 하루 네 번(12:00, 13:30, 15:00, 16:00) 신나는 비보잉 공연도 있다.

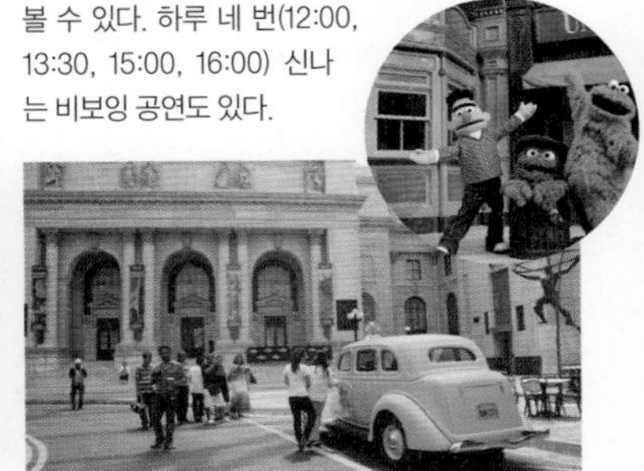

사이 파이 시티 Sci-Fi City

미래의 사이버 도시를 연상시키는 사이 파이 시티에서는 배틀스타 갤럭티카 Battlestar Galactica와 트랜스포머 더 라이드 Transformers The Ride와 같은 어트랙션을 경험해보자. 배틀스타 갤럭티카는 세계에서 가장 긴 듀얼 롤러코스터로 미국 드라마를 테마로 했다. 트랜스포머를 테마로 한 트랜스포머 더 라이드는 3D 안경을 쓴 채 롤러코스터를 타면서 영웅 오토봇 AUTOBOTS과 악당 디셉티콘 DECEPTICON의 전투를 즐길 수 있는 기구다. 특수 효과 덕분에 마치 영화 속 로봇이 된 기분으로 배틀을 할 수 있다.

고대 이집트 Ancient Egypt

피라미드와 오벨리스크를 보면서 고대 이집트로 시간여행을 떠날 수 있는 곳이다. 미라의 복수 Revenge of the Mummy®는 암흑 속에서 빠른 스피드로 급커브를 돌며 달리는 스릴 만점의 라이드다. 끝날 듯하다가 다시 빠른 역주행을 하며 로봇 미라 군단과 마주칠 때는 짜릿한 스릴을 느낄 수 있다. 직접 자동차를 운전하면서 보물찾기를 하는 즐거움을 느낄 수 있는 트레저 헌터 Treasure Hunters®도 아이와 함께 즐기기 좋다. 고대 이집트 복장의 캐릭터들과 사진촬영 하는 것도 빼먹지 말자.

잃어버린 세계 The Lost World

유니버설 스튜디오에서 오랫동안 사랑받아온 하이라이트 어트랙션으로 싱가포르에서 새롭게 업그레이드 됐다. 쥐라기 공원은 스티븐 스필버그 감독의 고전적인 모험 액션 영화를 테마로 하고 있고, 원형 래프트를 타고 급류 타기의 스릴을 만끽할 수 있는 어트랙션이다. 360도 회전하는 래프트 옆으로 먹이를 찾아 헤매는 티라노사우르스가 불쑥 나타나면 스릴이 배가된다. 워터월드 WaterWorld는 30여 명의 배우들이 열정적인 액션과 폭발 장면을 연기하는 쇼로 12:30, 15:00, 17:30에 공연된다.

머나먼 왕국 Far Far Away Castle

영화 〈슈렉〉에서 영감을 얻어 만든 곳으로 유쾌한 슈렉과 피오나 공주를 만나볼 수 있다. 당나귀 동키가 진행하는 동키 라이브 쇼 Donkey LIVE, 〈슈렉〉의 주인공들이 출연하고 3D 영상과 특수 효과로 흥미진진한 슈렉 4D 어드벤처 Shrek 4D Adventure도 감상할 수 있다. 미니 롤러코스터를 타고 슈렉이 살고 있는 성으로 여행을 떠날 수 있는 인챈티드 에어웨이즈 Enchanted Airways도 빼놓을 수 없는 재미.

마다가스카르 Madagascar

드림웍스의 흥행작 〈마다가스카르〉 애니메이션을 테마로 한 이곳에서는 뉴욕의 동물원으로부터 벗어나 모험을 하는 4명의 동물 주인공을 만날 수 있다. 크레이트 어드벤처 A Crate Adventure는 배를 타고 마다가스카르의 주인공들이 열대 정글에서 겪는 모험을 함께 경험할 수 있다. 영화 속 귀여운 캐릭터들과 함께 사진을 찍는 포토존도 놓치지 말자.

카지노 Casino

새롭게 오픈한 카지노로 럭셔리 호텔 '크록포드 타워' 지하 1층에 있다. 15개 이상의 테이블 게임과 게임 머신 등을 갖추고 있으며 규모는 약 4500평으로 마리나 베이 샌즈의 카지노보다는 작다. 21세 미만은 입장이 불가하며 싱가포르 현지인일 경우 S$100의 **입장료**가 부과되지만 외국인은 무료입장이 가능하며 입장 시 여권(출입국 카드 포함)이 필요하다.

위치 유니버설 스튜디오 앞 에스컬레이터 이용

해양 체험 박물관 Maritime Experiential Museum

싱가포르 최초의 해양사 박물관으로 19세기 말라카 해협의 실크로드를 여행하고 당시 무역품인 세라믹·조각품·천 등을 볼 수 있으며 고대 항구와 해적·침몰선 등도 관람할 수 있다. 거대한 보물선이 실제와 동일한 크기의 모형으로 전시되어 있으며 15세기 중국에서 서양까지의 여정을 짧은 애니메이션으로 소개해준다. 전시물 관람 후 멀티미디어 극장 스크린을 통해 가상 여행을 할 수 있어 흥미롭다. 지하에는 S.E.A. 아쿠아리움이 연결된다.

위치 페스티브 워크에서 하드락 호텔-해변 방향으로 도보 **요금 박물관 입장료** 일반 S$5, 어린이 S$2, 타이푼 극장 입장료 일반S$6, 어린이 S$4 **운영** 월~목요일 10:00~19:00, 금~일요일·공휴일 10:00~21:00

RESTAURANT
싱가포르의 식당

오차드 로드

스트레이트 키친 Straits Kitchen

싱가포르는 다민족 국가답게 음식문화 또한 다채로워 식도락의 천국으로 불린다. 호커 센터에서나 볼 수 있는 로컬 음식을 비롯해 각국의 요리를 한자리에 모아둔 뷔페로 호커 센터의 파인 다이닝 버전이라 할 수 있다. 오픈된 구조의 각 코너에서 탄두리 치킨을 굽고 국수를 끓여주는 모습을 볼 수 있어 더욱 식욕을 자극한다. 무엇보다 음식의 종류가 다양하고 퀄리티도 좋아서 손님들의 만족도가 높은 편. 칠리 크랩, 치킨라이스, 사테 Satay, 락사 Laksa, 로컬 디저트 등 싱가포르·말레이시아·중국·인도에 이르는 다국적 음식들을 선보인다. 인기가 높은 만큼 사전에 예약하고 갈 것을 추천!

지도 P.114-B2 **주소** 10 Scotts Road, Singapore **전화** 6738-1234 **영업** 런치 월~금요일 12:00~14:30, 토~일요일 12:30~15:00, 디너 일~수요일 18:30~22:30, 목~토요일 1회 17:30~19:30 2회 20:00~22:00 **예산** 런치 일반 S$56,. 어린이 S$29, 디너 일반 S$66, 어린이 S$36 (+TAX&SC 17%) **가는 방법** MRT Orchard 역에서 도보 3분, 그랜드 하얏트 호텔 1층에 있다.

레 자미 Les Amis

복잡한 오차드 로드 한쪽에 세계적인 수준의 파인 다이닝을 즐길 수 있는 곳이 숨어있다. 1994년 문을 연 이래 싱가포르에서 다섯 손가락 안에 드는 파인 다이닝으로 명성이 자자한 이곳은 미슐랭 스타 셰프인 호주 출신의 Armin Leitged가 프렌치 모던 퀴진을 선보인다.

1층과 2층으로 나뉘어 있으며, 유리창 너머로 직접 셰프들이 요리하는 모습을 보면서 식사를 즐길 수 있는 프라이빗 룸도 있다. 2000개 이상의 고급 와인 리스트를 보유하고 있으며 런치 코스는 S$65부터 디너 코스는 S$160부터 시작된다. 분위기와 서비스, 요리의 수준 모두 최고이며 음식 가격도 비싸다. 만만한 가격대는 아니지만 식도락에 관심이 큰 미식가라면 반드시 가봐야 할 레스토랑이다.

지도 P.114-B2 **주소** Shaw Centre, #02-15, 1 Scotts Road, Singapore **전화** 6733-2225 **홈페이지** www.lesamis.com.sg **영업** 월~일요일 런치 12:00~13:45, 월~목요일 디너 19:00~20:45, 금~일요일 디너 18:30~20:45 **예산** 런치 코스 S$90~, 디너 코스 S$215 (+TAX&SC 17%) **가는 방법** MRT Orchard 역에서 도보 3분

팀호완 Tim Ho Wan

홍콩의 인기 절정 딤섬 레스토랑 팀호완이 싱가포르에 진출했다. 가장 저렴하게 미슐랭 1스타의 딤섬 맛을 볼 수 있어 몰려드는 인파들로 문전성시를 이루고 있다. 반드시 맛봐야 하는 메뉴는 Baked Bun with BBQ Pork로 소보루 빵처럼 부드러운 번 안에 진한 고기소가 들어 있다. 탱글탱글한 새우가 들어 있는 Prawn Dumpling은 누구나 좋아할 맛이다. Steam Egg Cake는 촉촉하고 부드러운 맛이 좋아 마무리 디저트로 좋다. 음료는 차이니스 티를 시키면 무한 리필을 해준다. 인기가 높아 식사시간 때 기다림은 필수. 싱가포르에 4개 지점이 있는데 여행자들이 가장 찾아가기 쉬운 곳은 도비 갓 역과 연결되는 이곳이다.

주소 #01-29A/52, Plaza Singapura, 68 Orchard Road, Singapore **전화** 6251-2000 **홈페이지** www.timhowan.com **영업** 월~금요일 10:00~22:00, 토~일요일 09:00~22:00 **예산** 딤섬 S$3.80~ (+TAX&SC 17%) **가는 방법** MRT Dhoby Ghaut 역에서 연결되는 플라자 싱가푸라(Plaza Singapura) 1층에 위치

뉴튼 서커스 호커 센터 Newton Circus Hawker Centre

관광지와는 약간 동떨어져 있지만 현지인들에게는 최고의 호커 센터로 손꼽히는 곳이다. 모든 자리가 야외석이라 저녁에 가야 좋고 노천 호커 센터의 정취는 보는 것만으로도 즐겁다. 다양한 로컬 푸드는 물론이고 신선한 해산물 요리와 바비큐 등 다채로운 음식으로 맛있는 한 끼 식사를 즐겨보자.
최근 한국인 여행자들 중에는 칠리 크랩를 비롯한 해산물을 레스토랑보다 저렴하게 먹기 위해 이곳을 찾는 이들이 부쩍 늘고 있다. 31번 가게와 27번 가게가 특히 인기 있으며 매콤한 칠리 크랩, 시리얼로 버무린 새우 요리인 '시리얼 프라운(Cereal Prawn S$25~)'에 현지 볶음 나물인 깡꿍(Kang Kong S$6S~)이 가장 잘 팔리는 메뉴. 여기에 밥이나 볶음밥까지 곁들이면 진수성찬. 한국 손님에게는 칠리 크랩 주문 시 미니 번을 서비스로 주는 등 경쟁이 치열하니 가게들을 둘러본 후 결정하자.

주소 500 Clemenceau Avenue North, Singapore **영업** 매일 17:00~02:00 **예산** 1인당 S$8~15 **가는 방법** MRT Newton 역 B번 출구로 나와 도로를 건너서 도보 2분

올드 시티

잔 JAAN

아찔한 전망을 감상하면서 최상의 요리까지 즐길 수 있는 파인 다이닝 레스토랑. 미슐랭 1스타를 획득했으며, 싱가포르 요식업계에서 가장 영향력 높은 인물 중 한 명인 영국 출신의 Kirk Westaway가 수석 셰프로 있어 창조적인 요리를 선보인다. 런치의 경우 평일과 주말의 가격 차이가 있다. 평일 런치 4코스 세트 메뉴가 S$98부터 시작하고, 디너 8코스 세트 메뉴가 S$268이다. 제법 비싼 편이지만 수준 높은 요리를 맛볼 수 있어 미식가들에게 인기다. 70층 높이의 창 너머로 내려다보이는 마리나 베이의 전망이 압권이고, 1200여 조각의 유리로 만든 천장 오브제는 예술 작품처럼 아름답다. 방문 시 예약은 필수, 어느 정도 드레스 코드에 맞게 갖춰 입고 가는 매너도 필요하다.

지도 P.116-B1 **주소** 2 Stamford Road, Singapore **전화** 837-3322 **홈페이지** www.jaan.com.sg **영업** 런치 12:00~ 14:30, 디너 19:00~22:00 **휴무** 일요일 **예산** 런치 S$98~, 디너 S$268~ (+TAX&SC 10%) **가는 방법** MRT City Hall 역에서 연결되는 래플스 시티 쇼핑센터 옆, 스위소텔 더 스탬포드 호텔 70층

건더스 Gunther's

2007년 개점과 동시에 각종 매거진에서 톱 레스토랑으로 수차례 선정되며 싱가포르 파인 다이닝 업계에서 단박에 상위 자리를 꿰찼다. 메인 셰프 Gunther Hubrechsen' s가 지휘하는 모던 프렌치 레스토랑으로 프랑스 미슐랭 가이드 아시아 리스트에서 추천한 레스토랑인 만큼 맛에 대해서는 신뢰해도 좋다. 싱가포르 내에서도 최고의 프렌치 레스토랑으로 손꼽히는 곳이지만 고맙게도 가격이 비현실적으로 부담스러운 수준은 아니다. 특히 평일 런치 세트를 이용하면 S$38에 3코스 요리를 즐길 수 있다. 규모에 비해 인기가 너무 높으니 예약(온라인 예약 가능)은 필수!

지도 P.116-B1 **주소** #01-03, 36 Purvis Street, Singapore **전화** 6338-8955 **홈페이지** www.gunthers.com.sg **영업** 월~토요일 런치 12:00~14:30, 디너 18:30~22:30 **휴무** 일요일 **예산** 런치 코스 S$38, 메인 메뉴 S$45~ (+TAX&SC 17%) **가는 방법** 래플스 호텔을 지나 퍼비스 스트리트에 위치한 잉타이 팰리스 옆에 있다.

마리나 베이

팜 비치 시푸드 Palm Beach Seafood

싱가포르를 대표하는 심벌들을 한번에 누리고 싶다면 팜 비치 시푸드로 가자! 앞으로는 마리나 베이, 옆으로는 멀라이언상과 에스플러네이드를 바라보면서 최고의 칠리 크랩을 맛볼 수 있는 레스토랑이다. 각종 상을 휩쓴 해산물 요리를 선보이는 이곳은 1956년에 문을 열어 벌써 50여 년의 역사를 자랑한다. 위치도 탁월하지만 맛도 최고다.

크랩의 경우 12가지 정도의 다양한 조리법을 선보이는데 한국인들이 특히 열광하는 칠리 크랩은 다른 곳과는 또 다른 풍미로 미각을 사로잡는다. 진하고 강한 소스가 한국인 입맛에 딱이다. 번 Bun에 찍어 먹거나 볶음밥에 비벼 먹으면 한 그릇 뚝딱 해치울 수 있을 만큼 맛있다. 칠리 크랩뿐 아니라 다양한 해산물을 코스로 즐기고 싶다면 세트메뉴도 알차다. 크랩을 포함한 새우, 뱀부 클램 등 6코스로 나온다. 우아한 원탁 테이블이 있는 실내도 좋지만 이곳에서는 야외석을 노려 보자. 맛있는 칠리 크랩에 싱가포르 슬링까지 곁들이면서 싱가포르의 심벌들을 몽땅 감상할 수 있기 때문이다. 특히 저녁이라면 황홀한 석양까지 더해져 한층 근사하다.

지도 P.118-A2 **주소** #01-09, 1 Fullerton Road, Singapore **전화** 6336-8118 **홈페이지** www.palmbeachseafood.com **영업** 매일 런치 12:00~14:30, 디너 17:30~23:00 **예산** 크랩 S$68/1kg, 새우 요리 S$20~, 라이스 S$10(+TAX&SC 17%) **가는 방법** MRT Raffles Place 역에서 도보 5~7분, 멀라이언상 옆 원 플러튼의 스타벅스 옆에 있다.

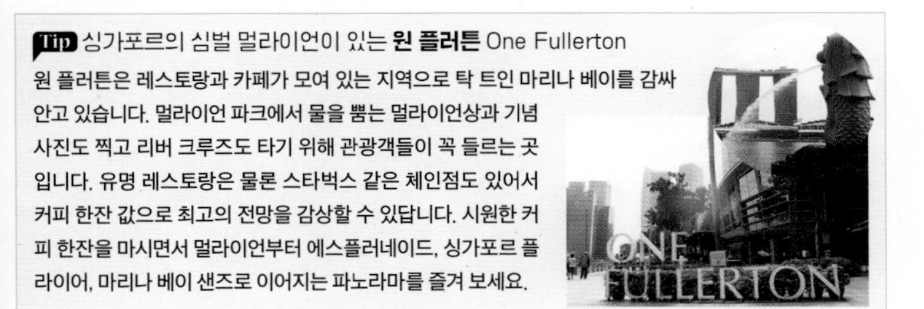

Tip 싱가포르의 심벌 멀라이언이 있는 **원 플러튼** One Fullerton

원 플러튼은 레스토랑과 카페가 모여 있는 지역으로 탁 트인 마리나 베이를 감싸 안고 있습니다. 멀라이언 파크에서 물을 뿜는 멀라이언상과 기념사진도 찍고 리버 크루즈도 타기 위해 관광객들이 꼭 들르는 곳입니다. 유명 레스토랑은 물론 스타벅스 같은 체인점도 있어서 커피 한잔 값으로 최고의 전망을 감상할 수 있답니다. 시원한 커피 한잔을 마시면서 멀라이언부터 에스플러네이드, 싱가포르 플라이어, 마리나 베이 샌즈로 이어지는 파노라마를 즐겨 보세요.

마칸수트라 글루턴스 베이 호커 센터 Makansutra Gluttons Bay

호커 센터 중 1등 호칭을 주어도 아깝지 않은 곳이다. 싱가포르 현지 매거진 〈마칸수트라〉에서 보증하는 이곳은 가게가 10개 남짓으로 다른 호커 센터에 비해 가게 수가 현저히 적지만 맛은 최고다. 또한 탁 트인 마리나 베이와 접하고 있어 북적북적한 분위기가 매력적이다. 덕분에 여행자는 물론이고 현지인들도 매일 저녁 모여들어 장사진을 이룬다. 한 상 가득 푸짐하게 차려놓고 외식을 즐기는 가족들을 쉽게 볼 수 있다. 식사 시간이면 좌석이 모자라 빈자리 쟁탈전이 일어나기도 하고 주문하기 위해 긴 줄을 서야 하지만 그러한 수고를 감수하고서라도 꼭 들러봐야 할 곳이다. 저렴한 가격에 양은 푸짐하고 맛 또한 기가 막히니 더 바랄 게 없다. 왁자지껄한 야외에서 식사하는 정취 또한 즐겁고 마리나 베이와 가까운 자리는 눈앞에 마리나 베이 샌즈의 황홀한 야경까지 덤으로 즐길 수 있으니 이보다 더 근사한 저녁도 없을 것이다. 야외 호커 센터이다 보니 낮에는 열지 않고 더위가 한풀 꺾인 저녁부터 문을 연다. 자리를 확보하고 주문할 때 줄을 서야하므로 혼자보다는 여럿이 가서 푸짐하게 즐겨보자.

지도 P.118-A2 **홈페이지** www.makansutra.com **영업** 월~목요일 17:00~02:00, 금·토요일 17:00~03:00, 일요일 16:00~01:00 **예산** 1인당 S$5~15 **가는 방법** 에스플러네이드 야외 공연장에서 타이 익스프레스 방향으로 야외에 있다.

라우 파 삿 & 분 탓 스트리트
Lau Pa Sat Festival Market & Boon Tat Street

고층 빌딩들이 둘러싼 금융지구 한복판에 있는 호커 센터. 중국어로 '옛 시장'을 의미하는 라우 파 삿은 과거 생선시장이었으며 현재도 과거의 시장 분위기가 물씬 풍기는 소품과 장식들로 꾸며놓았다. 1834년 지어진 팔각형 모양을 현재까지 고수하고 있으며 수십 개의 노점이 들어서 있어 다양한 음식을 즐길 수 있다. 로컬 음식에서 중국식 · 인도식 · 말레이시아식 · 웨스턴식·일식·한식까지 다양해서 입맛대로 골라 먹을 수 있다. 주변이 국제적인 금융지구라 금발의 샐러리맨들이 현지 음식을 먹는 풍경들이 호기심을 자아낸다.

또 하나 이곳만의 특별한 점은 저녁에만 열리는 사테 잔치! 라우 파 삿 호커 센터 옆으로 이어지는 분 탓 스트리트 Boon Tat Street에서는 오후 7시쯤이면 사테를 파는 노점들이 하나 둘 모여들어 문을 열기 시작하고 금세 사테 굽는 연기가 자욱해진다. 숯불에 맛있게 구워진 치킨 · 새우 · 돼지고기 사테와 시원한 맥주 한잔은 완벽한 궁합을 이루니 저녁 시간에 들른다면 절대로 놓치지 말자.

지도 P.118-A3 **주소** 18 Raffles Quay Lau Pa Sat, Singapore **홈페이지** www.laupasat.biz **영업** 24시간(매장에 따라 다름) **예산** 1인당 S$7~10 **가는 방법** ①MRT Raffles Place 역 1번 출구에서 도보 5분 ②차이나타운에서 파 이스트 스퀘어 방향으로 크로스 스트리트 Cross Street를 따라 도보 8~10분

Plus 라우 파 삿 인기 맛집

더 비프 하우스 The Beef House
진한 육수의 소고기 국수를 맛볼 수 있는 곳이다. 부드러운 소고기와 비프 볼을 넣은 국수 종류가 다양하며 든든한 한 끼 식사로 그만이다.

마마시타스 MAMACITAS
흔하지 않은 코스타리카 음식을 선보이는 곳. 인기 메뉴는 바삭한 식감의 크리스피 타코(Krispy Taco)와 해산물을 넣은 밥(Arroz Con Mariscos)이 대표적이다.

씬 크러스트 피자 Thin Crust Pizza
호커 센터 안에 위치한 모던한 감각의 피자리아. 신선한 재료를 이용해 만든 피자와 트러플 프라이(Truffle Frie)가 인기 메뉴다.

리버사이드

점보 시푸드 Jumbo Seafood

인기 절정의 칠리 크랩 맛집! 싱가포르의 대표 음식 칠리 크랩을 먹기 위해서 여행자들이 필수 코스로 찾는 곳이다. 점보 시푸드는 7개의 지점이 있는데 핫 플레이스인 클락 키의 중심에 있는 이 지점이 가장 인기가 높다. 1987년 창업했으며 하루 평균 4000여 명의 관광객들이 찾고 있다. 특히 한국 여행자들에게 폭발적 인기를 끌고 있다. 가장 인기 있는 메뉴는 칠리 크랩으로 매콤한 칠리소스와 담백한 게살의 하모니가 환상적이다. 크랩으로만 배불리 먹으면 좋겠지만 가격이 만만치 않으니 볶음밥과 프라이드 번(튀긴 빵)을 시켜서 칠리 크랩 소스에 비벼 먹으면 넉넉하게 즐길 수 있다. 그 외에 새우 · 생선 · 오징어 등 해산물요리도 맛이 좋으니 원하는 소스와 조리 방식을 골라서 주문해 보자. 식사 시간에는 자리가 없을 정도로 사람들이 몰리므로 미리 예약을 해두는 것이 안전하다. **홈페이지를** 통해 예약하면 컨펌 메일이 온다. 싱가포르항공의 티켓이 있으면 10% 할인되니 미리 챙겨두자.

지도 P.048-B1, P.122 **주소** 30 Merchant Road, #01-01/02 Riverside Point, Singapore **전화** 6532-3435 **홈페이지** www.jumboseafood.com.sg **영업** 매일 런치 12:00~15:00, 디너 18:00~24:00 **예산** 1인당 S$40~50(+TAX&SC 17%) **가는 방법** MRT Clarke Quay 역에서 도보 3분, 리버사이드 포인트에 있다.

레드 하우스 Red House

여행자들은 칠리 크랩 하면 점보를 가장 먼저 떠올리지만 현지인들에게는 레드 하우스 또한 칠리 크랩의 대표 맛집이다. 1976년에 이스트 코스트에 처음 오픈한 이후 꾸준히 인기를 모아 2007년에 로버슨 키에 분점을 열었다. 맛집들이 모여 있는 더 키사이드에 위치하고 있으며 호젓한 강가여서 운치가 넘친다. 대표 메뉴인 칠리 크랩은 싱싱한 게살에 매콤달콤한 소스가 더해져 맛있다. 다른 곳에 비해 소스가 조금 더 매콤한 편이라 한국인 입맛에도 잘 맞는다. 블랙 페퍼 크랩도 담백한 맛이 좋고 새우요리 Creamy Custard Prawn도 달콤한 소스와 새우가 어우러져 맛이 일품이다.

지도 P.048-A1 **주소** #01-14 The Quayside, 60 Robertson Quay, Singapore **전화** 6735-7666 **홈페이지** www.redhouseseafood.com **영업** 월~금요일 17:00~23:30, 토 · 일요일 11:30~23:30 **예산** 칠리 크랩 S$65/1kg (+TAX&SC 17%) **가는 방법** MRT Clarke Quay 역에서 도보 10~15분. 로버슨 키의 갤러리 호텔 앞의 더 키사이드 내에 있다.

송 파 바쿠테 Song Fa Bak Kut Teh

식사 시간이면 인파가 몰려 멀리서도 단박에 소문난 맛집임을 알 수 있는 곳이다. 가게 안에 붙어있는 각종 매체에 소개된 자료만 봐도 맛에 믿음이 간다. 대표 메뉴는 간판에서도 알 수 있듯 바쿠테. 돼지 갈비를 오랫동안 고아서 끓인 수프로 우리의 갈비탕을 상상하면 된다. 바쿠테를 밥과 함께 주문하면 오로지 국 한 그릇과 밥 한 공기가 나오는데 별다른 반찬 없이도 밥 한 공기를 뚝딱 비워낼 정도로 맛이 좋다. 오랫동안 끓여 부드럽게 갈비 살이 벗겨지는데 간장 소스에 찍어 먹으면 더욱 맛있다. 진하고 고소한 국물에 밥까지 말아 먹으면 든든하다. 워낙 손님이 많아서 바로 옆에 2호점을 냈으니 편한 곳으로 골라 가자.

지도 P.049-C1 **주소** 11 New Bridge Road, Singapore **전화** 6533-6128 **홈페이지** www.songfa.com.sg **영업** 화~토요일 09:00~21:30, 일요일 08:30~21:30 **휴무** 월요일 **예산** 바쿠테 S$7(+TAX 7%) **가는 방법** MRT Clarke Quay 역 E번 출구에서 길을 건너 뉴 브리지 로드의 코너에 있다.

바쿠테

차이나타운

맥스웰 푸드 센터 Maxwell Food Centre

싱가포르의 대표 호커 센터 중 하나로 차이나타운의 중심에 위치하고 있다. 차이나타운을 찾는 여행자와 현지인들은 참새가 방앗간 들르듯 이곳에 와서 식사를 즐긴다. 이곳의 인기 비결은 맛있는 음식과 부담 없는 가격이다. 다른 곳보다 저렴해서 $4~5면 든든하게 한 끼를 먹을 수 있으며 차이나타운에 위치한 덕분에 중국 요리의 종류도 더 다양하다. 꼭 맛봐야 할 추천 메뉴는 티안 티안 하이난 치킨라이스 Tian Tian Hainanese Chicken Rice. 싱가포르에서도 치킨라이스의 최고봉으로 손꼽는 곳이니 들러서 먹어 보자.

지도 P.123-B2 **주소** 1 Kadayanallur Street, Singapore **영업** 매일 07:00~22:00(매장에 따라 다름) **예산** 1인당 S$4~8 **가는 방법** MRT Chinatown 역에서 사우스 브리지 스트리트 South Bridge Street 방향으로 도보 5분. 불아사 건너편에 있다.

차이나타운 푸드 스트리트 Chinatown Food Street

과거 노점식당들이 들어서던 스미스 스트리트 골목을 새롭게 재단장해 멋진 호커 센터로 변신시켰다. 명물 요리들을 알뜰한 요금에 즐길 수 있어 차이나타운의 새로운 식도락 명소로 뜨고 있다. 뒤로는 숍하우스가 병풍처럼 이어지고 각 지역의 특색을 살린 좌판들이 줄줄이 이어진다. 맛깔난 해산물을 파는 분 탓 스트리트의 바비큐 시푸드 Boon Tat Street BBQ Seafood, 부기스 스트리트의 하이난 치킨라이스 Bugis Street Hainanese Chicken Rice, 카통 지역의 굴 오믈렛 Katong Keah Kee Fried Oysters, 세랑군의 인도 요리 Serangoon Raju Indian Cuisine, 티옹 바루의 로스트 덕 Tiong Bahru Meng Kee Roast Duck 등 싱가포르의 각 지역의 명물 요리들을 한자리에 맛볼 수 있어 여행자들의 호기심을 자극한다.

지도 P.123-B1 **주소** 335 Smith Street, Singapore **홈페이지** www.chinatownfoodstreet.sg **영업** 11:00~23:00 **예산** 1인당 S$8~10 **가는 방법** MRT Chinatown 역에서 도보 5분, 스미스 스트리트 초입에 있다.

부기스&아랍 스트리트

푸드 정션 Food Junction

부기스 정션 안에 있는 푸드 코트로 저렴하지만 맛있는 한 끼 식사를 할 수 있는 곳. 싱가포르 로컬 푸드와 일본식·웨스턴식·인도식·반가운 한식까지 한자리에서 맛볼 수 있어 행복한 고민에 빠지게 될지도 모른다. 푸드 코트라 가격이 부담 없는 것은 물론이고 프로모션 메뉴를 선택하면 더 싸게 먹을 수도 있다. 부기스 정션 지하 1층에도 야쿤 카야 토스트, 토리 Q, 올드 창 키와 같은 먹거리 가게와 소규모 레스토랑들이 입점해 있다.

지도 P.125-A2 **전화** 6334-0163 **영업** 매일 10:00~22:00 **예산** 1인당 S$5~8 **가는 방법** MRT Bugis 역에서 바로 연결된다. 부기스 정션 3층에 있다.

잠 잠 Zam Zam

1908년부터 지금까지 술탄 모스크 앞에서 자리를 지키고 있는 터줏대감. 능숙한 솜씨로 로티를 만드는 주인의 모습이 지나가는 이들의 눈길을 사로잡는다. 외관은 다소 허름해 보이지만 저렴한 가격에 한 끼 식사를 해결하려는 현지인과 호기심에 도전해보는 여행자들의 발길이 잦은 곳이다. 무타박 · 프라타 · 브리야니가 대표 메뉴이며 가게 앞에서 파는 카티라 Katira라는 음료도 추천! 카티라 열매로 만든 주스는 달콤하고 부드러우며 바나나 우유와 비슷해 더위에 지칠 때 마시면 좋다.

지도 P.126-B1 **주소** 697 North Bridge Road, Singapore **전화** 6298-7011 **영업** 매일 08:00~23:00 **예산** 1인당 S$5~8 **가는 방법** MRT Bugis 역에서 도보 약 10분, 술탄 모스크 뒤편의 노스 브리지 로드에 있다.

리틀 인디아

바나나 리프 아폴로 The Banana Leaf Apolo

커리 집이 많은 리틀 인디아에서 오랫동안 정상의 자리를 지키고 있는 곳. 이름처럼 바나나 잎을 접시 삼아 손으로 커리와 밥을 슥슥 비벼 먹는 현지인들의 모습이 마치 싱가포르가 아닌 진짜 인도의 식당에 온 것 같은 기분이 들게 만든다. 다양한 커리와 탄두리 치킨, 마살라, 티카, 난 등의 정통 인도 요리를 다양하게 다루고 있다.

이 집의 간판 요리는 생선 머리를 통째로 넣고 고아낸 피시 헤드 커리로 부담스러운 겉모습과는 다르게 묘하게 끌리는 맛이 있다. 누구 입맛에나 잘 맞을 추천 메뉴는 버터 치킨 커리로 갓 구운 난을 푹 찍어 먹으면 정말 맛있다. 탄두리 치킨은 인도에서 사용하는 전통적인 향신료를 이용해서 화덕에 구운 닭 요리로 기름기가 없고 담백하고 은은한 향이 나는 것이 특징이다. 난과도 비슷한 로티 프라타는 남인도식 팬케이크로 난과 마찬가지로 커리에 찍어 먹으면 별미다. 커리는 사람 수대로 시키면 양이 너무 많으므로 2~3명이 커리 하나에 난과 밥을 추가로 주문해 먹으면 적당하다. 본점은 레이스 코스 로드에 있지만 이곳이 리틀 인디아 역과 가깝고 눈에 쉽게 띄어 찾아가기 쉽다.

지도 P.127-A2 **주소** 48 Serangoon Road, Singapore **전화** 6297-1595 **홈페이지** www.thebananaleafapolo.com **영업** 매일 11:00~22:00 **예산** 커리 S$10~, 볶음밥 S$8, 버터 난 S$3.50, 라씨 S$4(+TAX 7%) **가는 방법** MRT Little India 역에서 도보 3분. 세랑군 로드의 리틀 인디아 아케이드 내에 있다.(본점은 MRT Little India 역에서 도보 5분, 레이스 코스 로드 Race Course Road에 있다.)

싱가포르 동부

롱비치 시푸드 레스토랑 Longbeach Seafood Restaurant

1946년 문을 연 롱비치는 60년의 전통을 자랑하며 본점인 이곳 외에 총 5개의 분점을 운영 중이다. 싱가포르 대표 음식인 칠리 크랩도 잘하지만 특히 이곳이 유명한 것은 블랙 페퍼 크랩 때문이다. 블랙 페퍼 크랩 요리를 최초로 만든 곳이 이곳이다. 깔끔하고 우아한 원탁 테이블과 친절한 서비스 또한 만족스럽다. 마치 진흙에서 방금 꺼낸 듯이 보여 다소 놀랍지만 알싸한 블랙 페퍼 소스가 담백한 게살과 어우러져 감동적인 맛을 선사한다. 또 다른 강추 메뉴는 골든 샌드 프론 Golden Sand Prawn이다. 바삭한 튀김가루를 얹어 내오는데 이 가루와 탱글탱글한 새우살 맛의 조화가 일품이다.

지도 P.128-D2 **주소** #01-04 East Coast Seafood Centre, Singapore **전화** 6448-3636 **홈페이지** www.longbeachseafood.com.sg **영업** 월~금요일, 일요일 11:00~24:00, 토요일 11:00~01:00 **예산** 1인당 S$40~50(+TAX&SC 17%) **가는 방법** MRT Bedok 역에서 택시로 약 7분

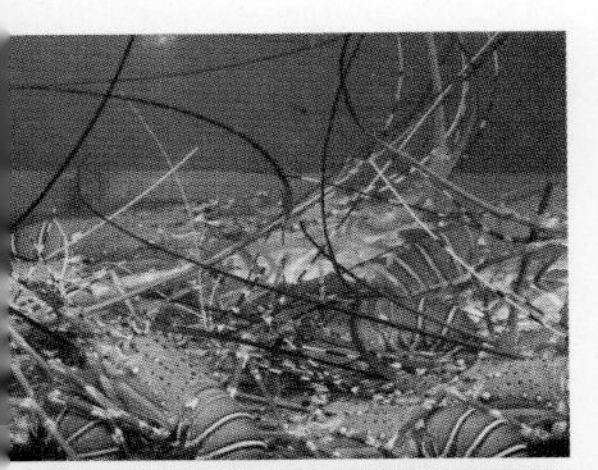

점보 시푸드 Jumbo Seafood

1987년 창업한 이래 여행자와 현지인들에게 꾸준히 사랑받고 있는 시푸드 레스토랑이다. 다양한 해산물 요리를 다루고 있지만 가장 인기 있는 메뉴는 역시 칠리 크랩. 게살의 담백함과 매콤하면서도 달콤한 칠리소스가 우리 입맛에도 잘 맞아 한국인들이 특히 좋아하는 메뉴다. 볶음밥과 갓 튀긴 번까지 더하면 금상첨화다.

지도 P.128-D2 **주소** East Coast Parkway, Blk1206, #01-07/08 East Coast Seafood Centre, Singapore **전화** 6442-3435 **홈페이지** www. jumboseafood.com.sg **영업** 월~토요일 17:00~23:45, 일요일 12:00~24:00 **예산** 1인당 S$30~50 (+TAX&SC 17%) **가는 방법** MRT Paya Lebar 역 또는 Eunos 역에서 택시로 5~10분, 이스트 코스트 시푸드 센터 내에 있다.

Plus 1 특별한 매력의 히든 플레이스, 뎀시 힐 Dempsey Hill

분주한 오차드 로드를 뒤로하고 여유롭게 브런치나 디너를 즐기고 싶다면 뎀시 힐로 가보자. 보타닉 가든 너머 작은 언덕 위에 형성된 빌리지로 1980년대 후반까지 영국군 부대의 막사가 있었던 곳이다. 2007년부터 대대적인 개발을 해 지금은 멋진 다이닝 스폿들과 근사한 바·갤러리·스파·앤티크 숍 등이 모여 있다. 시내의 번잡한 곳에서는 느낄 수 없는 여유로움을 이곳에서는 찾을 수 있다. 시내에서 약간 떨어져 있어 일부러 찾아가야 하지만 독립된 공간에서 트렌디한 스타일과 수준 높은 맛을 경험할 수 있으므로 기꺼이 수고로움을 감수할 가치가 있다. 보타닉 가든에서 여유롭게 공원을 산책한 후 이곳으로 넘어가 브런치를 즐기거나 해가 진 후 선선한 저녁에 근사한 디너를 즐기기 위해 찾아가는 것이 좋다.

뎀시 힐 가는 방법

뎀시 힐은 오차드 로드, 보타닉 가든과 가까운 위치에 있다. 오차드 로드에서 쇼핑을 즐긴 후 보타닉 가든을 산책하고 점심이나 저녁을 먹으러 가는 동선이 좋다. 보타닉 가든에서는 택시로 3~5분 남짓이면 도착한다. 셔틀버스도 있으니 미리 시간과 위치를 확인 후 이동해도 좋겠다.

① 오차드 불러바드 Orchard Boulevard에서 택시로 약 10분

② 보타닉 가든에서 택시로 약 3~5분

③ 오차드 로드에서 뎀시 힐까지 스케줄에 맞춰 셔틀버스를 운행한다. **홈페이지**에서 운행 시간과 위치를 확인하자. **홈페이지** www.dempseyhill.com(정류장 위치: 윌록 플레이스 Wheelock Place 옆 주차장, 보타닉 가든 탕글린 게이트, MRT 홀랜드 빌리지) 지도 P.114-B3

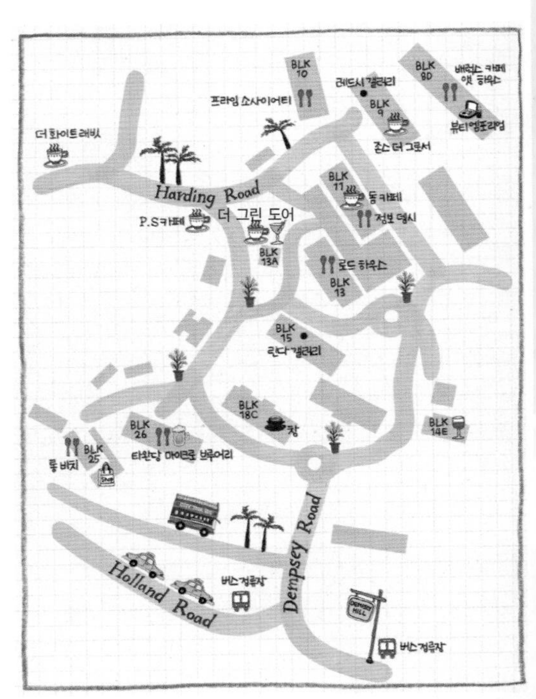

Plus 2 여유를 느낄 수 있는 이국적인 마을, 홀랜드빌리지 Holland Village

홀랜드 빌리지는 서양인들이 많이 거주하여 외국인 커뮤니티가 형성된 지역이다. 거리에는 테라스 카페와 세계 각국의 음식을 맛볼 수 있는 레스토랑이 모여 있으며 여유로운 분위기여서 마치 싱가포르 속 작은 유럽처럼 느껴진다. 외국인들이 많다보니 자연스레 레스토랑의 수준도 그들의 입맛에 맞췄다. 수준급 레스토랑도 곳곳에 숨어 있어 미식가들에게 즐거움을 준다. 특별한 볼거리나 관광지가 있는 것은 아니지만 이곳만의 이국적이고 자유로운 분위기가 사람들을 끌어모으고 있다. 늦은 오후 브런치를 먹으며 게으름을 피워도 좋고 햇살 좋은 테라스에 앉아 대낮부터 맥주 한잔을 마셔도 좋다. 저녁이라면 북적북적한 펍에서 낯선 이들과 섞여 스트레스를 풀며 칵테일 한잔에 취해도 좋다. 한 시간 남짓이면 둘러보고도 남을 작은 동네지만 여행 중에 여유와 자유로움을 느끼며 잠시 쉬어가고 싶다면 홀랜드 빌리지로 가보자.

홀랜드빌리지 가는 방법

예전에는 직접 연결되는 MRT 역이 없어 오차드 로드 Orchard Road나 부오나 비스타 Buona Vista에서 버스나 택시를 타야 했지만 MRT 홀랜드 빌리지 Holland Village 역이 개통되면서 이동이 훨씬 수월해졌다. 역에서 나오면 바로 홀랜드 로드 쇼핑센터가 나오고 메인 로드인 로롱 맘봉 Lorong Mambong 거리와도 쉽게 이어진다.

① MRT 홀랜드 빌리지 역 C번 출구(홀랜드 로드 쇼핑센터 앞)

② 오차드 로드(니안 시티, 위스마 아트리아 택시 승강장)에서 택시로 약 10분

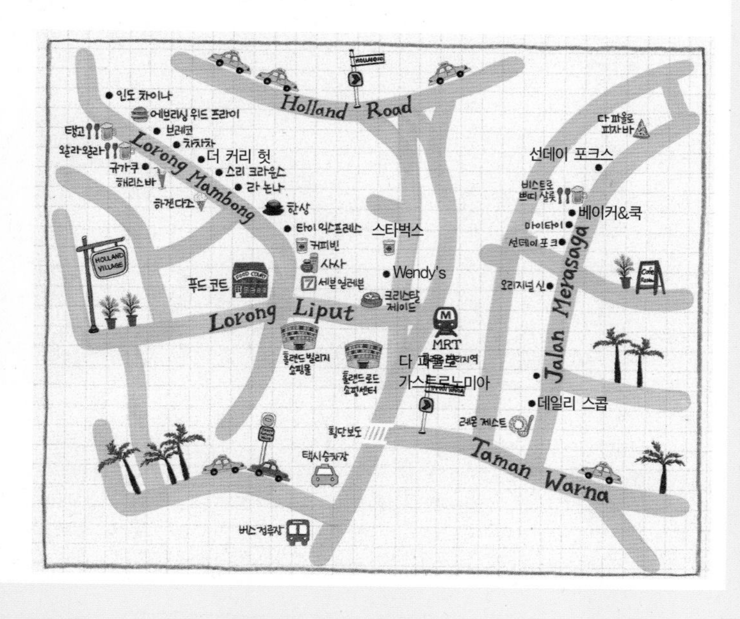

Plus 3 페라나칸의 향기를 찾아, 카통 Katong

싱가포르는 다양한 민족과 문화가 융화되어 또 하나의 고유한 문화를 만들어 내는 힘이 있다. 아랍 스트리트, 리틀 인디아, 차이나타운이 그러하듯이 싱가포르 동부에 위치한 카통도 페라나칸 Peranakans이라는 고유한 문화를 꽃피운 곳이다. 페라나칸은 중국인들이 말레이반도에 들어와 정착했던 17세기에 시작됐다. 중국 남성들과 말레이 여성들이 결혼함에 따라 두 나라의 생활양식과 문화가 융화되어 새롭고 독특한 문화가 만들어졌다. 1950~60년대 페라나칸 문화의 황금기를 이끌었던 카통은 페라나칸 문화가 가장 잘 녹아있는 지역으로 오늘날까지도 전통적인 페라나칸 양식의 건축과 음식문화·복장·관습 등을 엿볼 수 있다.

한 줄로 이어진 2층식 숍 하우스 Shop House는 페라나칸 문화의 대표적인 상징이다. 또한 현지인들에게는 로컬 맛집들이 많기로 유명한 식도락 천국이기도 하다. 페라나칸 레스토랑과 로컬 맛집, 페라나칸 숍 하우스들이 이어지는 거리는 호기심 가득한 여행자들과 여전히 그곳에서 살아가는 현지인들로 오늘도 북적이고 있다.

카통 가는 방법

카통까지 이동할 때는 MRT 파야 레바 Paya Lebar 역에서 택시를 타고(약 5분) 이스트 코스트 로드 East Coast Road에 있는 카통 앤티크 하우스 Katong Antique House에서 내려 여행을 시작하는 것이 좋다. 특별한 관광지가 있는 곳은 아니므로 길을 따라 서 있는 페라나칸풍의 숍과 레스토랑을 즐기고 페라나칸 숍 하우스를 둘러보는 일정으로 1~2시간이면 충분하다. MRT보다는 시간이 더 걸리지만 한번에 버스로 이동하고 싶다면 MRT 클락키 Clarke Quay 역에서 32·12번을 타고 록시 스퀘어, 카통 숍 센터 앞에서 하차해도 된다.

센토사

트라피자 Trapizza

여행자들이 센토사에서 가장 사랑하는 맛집 중 하나로 해변의 정취를 느끼며 편하게 피자를 즐길 수 있어 인기를 끌고 있다. 실로소 비치가 바로 보이는 야외 레스토랑으로 라사 샹그릴라 리조트에서 운영한다. 열대의 정취가 느껴지지만 대신 더위는 감수해야 한다. 인기의 비결은 화덕에서 구워 내는 피자로 토핑을 풍성하게 올려서 맛이 좋다. 피자와 함께 샐러드·파스타까지 곁들이면 푸짐한 한 끼 식사로 충분하다. 아이들을 위한 키드 메뉴도 갖추고 있다.

지도 P.131-D1 **전화** 6376-2662 **영업** 월~금요일 12:00~21:30, 토·일요일 12:00~ 23:00 **예산** 1인당 S$20~25 (+TAX&SC 17%) **가는 방법** 비치 트램(실로소 비치행)을 타고 네 번째 정거장에서 하차

말레이시안 푸드 스트리트 Malaysian Food Street

새롭게 문을 연 테마 푸드 코트로 말레이시아의 호커 센터를 그대로 옮긴 듯이 완벽하게 재현했다. 음식 또한 현지의 맛 그대로이고 정겨운 분위기에 가격까지 부담 없어 인기 만점이다. 꼭 맛봐야 할 말레이 대표 음식은 커리에 말레이식 팬케이크를 찍어 먹는 로티 차나이 Roti Canai와 볶음국수인 차 퀘 테우 Char Koay Teow다.

영업 월~목·일요일 11:00~22:00, 금·토요일 09:00~24:00 **예산** 1인당 S$7~10 **가는 방법** 모노레일 Waterfront Station 하차 후 The Bull Ring 옆, 유니버설 스튜디오 입구 옆

오시아 OSIA

리조트 월드 센토사 내에는 유명한 스타 셰프들이 지휘하는 레스토랑이 대거 입점했는데 오시아도 그중 한 곳이다. 다양한 수상 경력이 있는 셰프 스콧 웹스터가 아시아와 웨스턴에서 영향을 받은 오스트리아 퀴진을 선보인다. 제대로 디너를 즐겨보고 싶다면 4코스 세트를 추천. **요금**은 1인당 S$68로 일~목요일까지만 맛볼 수 있다.

영업 런치 12:00~15:00, 디너 18:00~20:00 **예산** 1인당 S$50~100 **가는 방법** 페스티브 워크를 따라 도보 이동, 크록포드 타워 호텔 앞에 있다.

CAFE & PUB
싱가포르의 카페 & 펍

오차드 로드

TWG 티 살롱 앤 부티크 TWG Tea Salon & Boutique

화려하고 우아한 살롱을 연상시키는 TWG는 800여 가지가 넘는 차를 보유하고 있다. 세계 각국의 차를 마실 수 있으며 우리나라의 제주 녹차도 있다. 같은 TWG라도 그 매장에서만 선보이는 아이템들이 있는데 이곳에서는 티를 넣은 마카롱(S$2)을 맛볼 수 있다. 나라 이름을 붙인 아침 메뉴, 티 타임 세트 메뉴(오후2~6시), 브런치, 올데이 다이닝도 즐길 수 있는데, 이 모든 요리는 티를 첨가한 TWG만의 레시피로 만들어졌다. 이곳이 뜨거운 인기를 끄는 데는 아름다운 티 패키지도 한몫하고 있는데 선물용으로 그만이다. 마리나 베이 샌즈, 다카시마야 백화점 등에도 분점이 있다.

지도 P.114-B3 **주소** ION Orchard, #02-21, Orchard Turn, Singapore **전화** 6735-1837 **홈페이지** www.twgtea.com **영업** 매일 10:00~22:00 **예산** 세트 메뉴 S$29~, 브런치 S$42~, 티 S$11 (+TAX&SC 17%) **가는 방법** MRT Orchard 역에서 지하로 연결되는 아이온 쇼핑몰 2층에 있다.

올드 시티

롱 바 Long Bar

싱가포르의 심벌이 된 싱가포르 슬링이 바로 이곳에서 탄생했다. 래플스 호텔만큼이나 유명한 롱 바에는 원조 싱가포르 슬링을 맛보기 위해 전 세계에서 여행자들이 찾아온다. 문을 열고 안으로 들어가면 클래식한 기품이 느껴진다. 다음으로 눈길을 끄는 것은 바닥에 버려져 있는 땅콩 껍질들. 테이블에 놓여 있는 땅콩을 먹으면서 바닥에 그냥 버리는 것이 이곳만의 재미있는 룰이다. 싱가포르 슬링은 진을 기본으로 체리 브랜디와 레몬 주스를 혼합한 칵테일인데, 고운 핑크빛만큼 맛도 달콤하다.

지도 P.116-B1 **주소** 2F Raffles Hotel, 1 Beach Road, Singapore **전화** 6337-1886 **홈페이지** www.raffles.com **영업** 월~목·일요일 11:00~00:30, 금 · 토요일 11:00~01:30 **예산** 싱가포르 슬링 S$31, 칵테일 S$25 (+TAX&SC 17%) **가는 방법** MRT City Hall 역 B번 출구에서 래플스 시티 쇼핑센터를 지나 도보 3~5분, 191 래플스 호텔 2~3층에 있다.

마리나 베이

레벨 33 Level 33

33층, 156m 높이에 자리한 레벨 33은 싱가포르를 한눈에 조망할 수 있는 핫 플레이스로 브런치와 런치, 디너를 즐길 수 있고 현지인들에게는 맥주가 맛있는 비어 라운지로 통한다. 독일에서 직접 공수해 온 맥주 탱크에서 갓 뽑아낸 하우스 맥주가 인기로, 5가지 대표 맥주를 맛볼 수 있는 플래터는 이곳의 대표 메뉴. 저녁 6시와 7시 사이는 해가 지고 조명이 하나둘 켜지면서 드라마틱한 전망을 감상할 수 있는 피크 타임.

지도 P.119 **주소** #33-01, Marina Bay Financial Centre Tower 1, 8 Marina Boulevard, Singapore **전화** 6834-3133 **홈페이지** www.level33.com.sg **영업** 월~수요일 11:30~24:00, 목~토요일 11:30~02:00, 일요일 12:00~24:00 **예산** 샐러드 S$16.50, 스테이크 S$43.50~(+TAX&SC 17%) **가는 방법** MRT Raffles Place 역에서 지하로 연결되는 MBFC Tower 1(Marina Bay Financial Centre Tower 1)로 간다. 또는 MRT Downtown 역에서 도보 3분. 1층 로비로 들어가면 안쪽에 Level 33 전용 엘리베이터가 있다.

원 앨티튜드 1 Altitude

'고도(앨티튜드)'라는 뜻의 이름에 걸맞게 282m 높이로 세계에서 가장 높은 층에 있는 루프탑 바로도 화제가 됐으며 360도로 탁 트인 완벽한 전망을 자랑한다. 예약할 것을 권하며 1층에서 안내를 받고 61층으로 올라가 입장권을 구입한 후 62층으로 가면 루프탑 바가 나타난다.

지도 P.118-A3 **주소** 1 Raffles Place, Singapore **전화** 6438-0410 **홈페이지** www.1-altitude.com **영업** 월~목 · 일요일 18:00~02:00, 금 · 토요일 18:00~04:00 **입장료** 18:00~21:00 S$35(음료 2잔 포함), 21:00 이후 S$45(음료 2잔 포함) **가는 방법** MRT Raffles Place 역에서 나오면 1 Raffles Place 빌딩 내에 있다.

세라비 CÉ LA VI

마리나 베이 샌즈 정상에 위치한 화제의 루프탑 바. 사방이 탁 트인 200m 상공에서 파노라마 뷰를 내려다보는 기분은 상상 이상이다. 홍콩 주마 Zuma 출신 수석 셰프 Dan Segall의 요리와 유명 소믈리에의 와인 셀렉션을 만날 수 있다.

지도 P.118-B3 **주소** Sands Sky Park, Tower 3, Marina Bay Sands Hotel, 10 Bayfront Avenue, Singapore **전화** 6688-7688 **홈페이지** sg.celavi.com **영업** 매일 12:00~24:00 **예산** 맥주 S$15~, 칵테일 S$20~ **가는 방법** MRT Bayfront 역 B · C · D · E번 출구에서 지하로 연결된다. 마리나 베이 샌즈의 57층 샌즈 스카이 파크에 있다.

리버사이드

주크 Zouk

싱가포르 No.1 클럽으로 3000명이 동시에 들어가도 될 만큼 큰 규모인데도 피크 타임이면 발 디딜 틈이 없다. 3개의 홀로 나뉘는데 하우스, 일렉, 힙합&팝 등 음악 스타일이 각각 다르니 취향대로 넘나들며 즐기면 된다. **입장료**에는 음료 2잔이 포함되어 있으며 입장 시 손목에 찍어주는 야광 도장만 있으면 자유롭게 출입이 가능하다. 수요일은 레이디스 나이트로 여성 손님에 한해 **입장료**를 면제해 주니 여성이라면 이때를 공략하는 것도 좋겠다. 밤 12시 정도가 피크 타임으로 너무 일찍 가면 시간 낭비다.

지도 P.048-A1 **주소** 17 Jiak Kim Street, Singapore **전화** 6738-2988 **홈페이지** www.zoukclub.com **영업** 수요일 21:00~04:00, 금 · 토요일 22:00~05:00 **휴무** 일 · 월 · 화 · 목요일 **예산 입장료** S$15~25 **가는 방법** MRT Clarke Quay 역, 티옹 바루 Tiong Bahru에서 택시로 5분. 그랜드 콥튼 워터프런트 호텔 뒤편에 있다.

브루웍스 Brewerkz

클락 키에서 단골이 많은 맥줏집. 마이크로 브루어리로 직접 만든 다양의 맛의 하우스 맥주가 이 집 인기의 비결이다. 메뉴에 있는 맥주 이름들이 어려워 고민이라면 14가지 맥주 가운데 4가지를 골라서 맛볼 수 있는 샘플러 메뉴(S$13)를 시켜보자. 재미있는 것은 해피 아워가 5가지로 나뉘어 있으며 시간대별로 맥주 가격이 달라진다는 점. 낮 12시부터 오후 3시까지가 가장 저렴하게 마실 수 있는 타이밍이다. 화려하게 빛나는 클락 키와 강을 바라보며 맛있는 맥주 한잔으로 하루를 마무리해보자.

지도 P.048-B1 **주소** #01-05/06 Riverside Point, 30 Merchant Road, Clarke Quay, Singapore **전화** 6438-7438 **홈페이지** www.brewerkz.com **영업** 월~목 · 일요일 11:00~00:30, 금 · 토요일 12:00~01:30 **예산** 치킨윙 S$17~, 맥주 S$6~(+TAX&SC 17%) **가는 방법** MRT Clarke Quay 역에서 도보 3분, 리버사이드 포인트 1층 점보 시푸드 레스토랑이 있는 라인에 있다.

차이나타운

야쿤 카야 토스트 Yakun Kaya Toast

중국인 이민자 야쿤이 1944년 처음 문을 연 이후 세계 각국에 수십 개의 분점을 거느린 싱가포르 대표 브랜드가 됐다. 숯불에 구워낸 토스트에 두껍게 썬 버터와 카야 잼을 바른 이 토스트는 매우 간단하지만 한번 맛보면 자꾸만 생각나는 중독성이 있다. 거기에 연유를 넣은 커피와 반숙 계란까지 더하면 싱가포르인들이 가장 사랑하는 아침 식사가 완성된다. 가벼운 아침 식사나 간식으로 즐기기에 좋고 가격도 저렴하니 싱가포르에 왔다면 반드시 먹어 보자.

지도 P.123-B1 **홈페이지** www.yakun.com **예산** 1인당 S$4~6 **주요지점** 파 이스트 스퀘어(본점), 부기스 정션, 래플스 쇼핑센터, 313@서머셋, 센트럴 등

SHOPPING
싱가포르의 쇼핑

오차드 로드

아이온 ION

쟁쟁한 쇼핑몰들의 격전지인 오차드 로드에 2008년 등장하면서 바로 이곳을 대표하는 랜드마크가 된 쇼핑몰이다. 독특한 디자인의 외관이 시선을 압도한다. 지하 4층부터 지상 4층까지 400여 개가 넘는 숍과 레스토랑이 입점해 있으며 브랜드도 중저가부터 럭셔리 명품까지 폭넓게 갖추고 있다. 또한 지하 4층에 있는 푸드 코트를 시작으로 각종 체인 레스토랑과 카페들이 곳곳에 포진해 있으며 55층에는 스카이 바까지 있어 식도락도 논스톱으로 해결할 수 있다. 지하층에는 주로 중저가 브랜드와 레스토랑이 있고 지상층에는 고급 명품 브랜드와 수입 브랜드들이 많다. 워낙 규모가 방대해서 헤맬 수 있으니 쇼핑몰 지도를 챙겨 둘러보고 싶은 브랜드를 체크한 뒤 효율적으로 움직이자.

층수	대표 인기 브랜드 *레스토랑 & 카페
지하 4층	Muji, DAISO *Food Opera(푸드 코트), Ginza Bairin, Lim Chee Guan, Mei Heong Yuen
지하 3층	Fred Perry, TopMAN, Charles & Keith, Pedro, Nixon *Starbucks Coffee, Burger King, Watami Japanese Dining
지하 2층	Mango, Pull & Bear, Topshop, Uniqlo, Zara, Aldo, Steve Madden *tcc
지하 1층	bebe, Calvin Klein, G-Star, Warehouse, True Religion, Swarovski, THANN *Swensen's
1층	Bottega Veneta, DSquared2, Louis Vuitton, Valentino, Prada, Miu Miu
2층	Burberry, Christian Dior, Marc Jacobs, Dolce&Gabbana *TWG Tea Salon & Boutique
3층	alldressedup, Kate Spade *The Marmalade Pantry
4층	Prints, The Planet Traveller, ALESSI *Paradise Dynasty, Imperial Treasure

지도 P.114-B3 **주소** ION Orchard, 2 Orchard Turn, Singapore **전화** 6238-8228 **홈페이지** www.ionorchard.com **영업** 매일 10:00~22:00 **가는 방법** MRT Orchard 역에서 지하로 연결된다.

Plus 아이온 스카이 ION SKY에서 드라마틱한 시티 뷰 감상하기

아이온에서는 쇼핑과 다이닝은 물론이고 218m 상공에서 스펙터클한 전망을 감상할 수 있습니다. 아침 10시부터 저녁 8시까지 하루 4번 뷰 타임이 있는데요. 아이온 쇼핑몰 4층 매표소에서 입장권을 구입해 엘리베이터를 타고 55층까지 올라가 파노라마로 펼쳐지는 시내 전망을 관람할 수 있으니 놓치지 마세요!

홈페이지 ionsky.com.sg **요금** 일반 S$16, 어린이 S$8

니안 시티/다카시마야 Ngee Ann City/Takashimaya

오차드 로드에 아이온이 오픈하기 전까지는 이곳을 대표하는 독보적인 쇼핑몰이었으며 지금도 여전히 최고의 쇼핑몰로 손꼽히고 있다. 지하 3층, 지상 7층 규모로 1993년 오픈 당시에는 동남아시아에서 가장 큰 규모로 화제가 되기도 했다.

럭셔리한 명품 브랜드부터 중저가 브랜드까지 폭넓게 갖추고 있으며 매장이 크고 아이템이 다양하게 입점되어 있어 쇼핑하기에 최적의 환경을 갖추고 있다. 레스토랑과 서점 등도 두루 입점해 있어 여러 곳을 다닐 필요 없이 이곳에서 논스톱으로 쇼핑과 다이닝을 즐길 수 있어 편리하다. 다카시마야 백화점이 입점해있으며 싱가포르 최대 규모의 서점 키노쿠니야 Kinokuniya도 있다. 2층에는 GST 환급을 받을 수 있는 고객센터가 있으며 4~5층에는 다양한 요리를 맛볼 수 있는 전문 레스토랑들이 포진해 있다.

층	대표 인기 브랜드 *레스토랑·카페 & 기타
지하	ZARA, M.A..C., Mango
1~2층	Levi's, A/X, bebe, Pull&Bear, Ted Baker *KFC, McDonald's, 슈퍼마켓, Food Village(푸드 코트), Yoshinoya, Ajisen Ramen, Cedele, 환전소
1~2층	Louis Vuitton, CHANEL, Dior, Gucci, Fendi, Chloe, Cartier, Jimmy Choo, Celine *Sushi Tei, 카페, TWG Tea Salon
3~4층	다카시마야(아동복, 속옷), Juicy Couture *전문 식당가(4층), Paul(카페), Books Kinokuniya(서점), Art Friend(디자인, 화방)

지도 P.115-C3 **주소** 391 Orchard Road, Singapore **전화** 6738-1111 **홈페이지** www.ngeeanncity.com.sg **영업** 매일 10:00~21:30(매장에 따라 다름) **가는 방법** MRT Orchard 역 C번 출구에서 도보 3분

Shop &Dine 니안 시티의 추천 매장

키노쿠니야 서점 Books Kinokuniya 3층

3층에 위치한 기노쿠니야는 싱가포르 최대 규모의 서점이다. 웬만한 책은 모두 갖추고 있을 만큼 규모가 방대하다. 수입 서적도 다양해서 국내에서 구매가 어려웠던 책들도 발견할 수 있다.

커피 클럽 Coffee Club 3층 9호

싱가포르 인기 카페 체인점으로 기노쿠니야 서점 내에 위치해 책을 읽으며 쉬어가기에 좋다. 다양한 커피는 물론 디저트와 식사까지 아우르는 멀티 카페. 일반 카페에 비해 식사 메뉴가 다채로운데 샐러드·샌드위치·파스타는 물론 메인 요리들도 충실하니 쇼핑 전후로 본격적인 식사를 하기에도 괜찮다.

파라곤 Paragon

니안 시티와 함께 오차드 로드에 있는 쇼핑몰 중 양대 산맥으로 꼽히는 곳이다. 쇼핑몰 정면 입구에서부터 Miu Miu, TOD's, Prada가 화려하게 장식하고 있으며 건물 내부는 럭셔리한 명품 브랜드를 중심으로 캐주얼한 브랜드까지 아우르고 있다. 층별로 브랜드 레벨이 나뉘어 있는데 1층에는 고급 명품 브랜드가 집중적으로 포진해 있으며, 2층에는 준명품, 3층에는 캐주얼 브랜드가 입점해 있다. 쇼핑몰 구조가 복잡하지 않아서 쇼핑을 즐기기에 편하다. 쇼핑몰 안에는 딘타이펑 Din Tai Fung, 크리스탈 제이드 Crystal Jade, 임페리얼 트레저 Imperial Treasure 같은 유명 레스토랑도 있고 특히 지하 1층에는 현지에서 인기 있는 다이닝 브랜드와 체인들이 알차게 모여 있으니 쇼핑을 마치고 반드시 들러보자.

층	대표 인기 브랜드 *레스토랑 & 기타
지하 1층	*Din Tai Fung, Shimbashi Soba, Honeymoon Dessert, Starbucks, Ya Kun Kaya Toast, Toast Box, Da Paolo Gastronomia
1층	Gucci, Prada, Marni, Miu Miu, Moschino, Burberry, Herm s, Etro, Givenchy, Salvatore Ferragamo, TOD's
2층	alldressedup, A/X, Armani Exchange, Banana Republic, BCBGMAXAZRIA, Calvin Klein, Diesel, DKNY, G-Star
3층	Esprit, promod, Marks & Spencer
4층	Muji
5층	Armani Junior, Guess Kids
6층	ToysRus

지도 P.115-C3 **주소** 290 Orchard Road, Singapore **전화** 6738-5535 **홈페이지** www.paragon.sg **영업** 매일 10:00~21:00(매장에 따라 다름) **가는 방법** MRT Orchard 역 A번 출구에서 도보 3분, 니안 시티 쇼핑몰 건너편에 있다.

Tip 미식가를 위한 파라다이스 **파라곤 지하 1층**

파라곤 지하에는 인기 카페와 체인점들이 많이 들어서 있어서 굳이 다른 곳에 갈 필요가 없습니다. 파라곤만 한 바퀴 돌아도 맛있는 음식들을 얼마든지 즐길 수 있답니다. 신선한 식재료와 과일 등을 파는 슈퍼마켓, 딤섬 종결자 딘타이펑, 달콤한 홍콩식 디저트 카페 허니문 디저트, 인기절정 육포집 비첸향, 싱가포르 로컬 카야 토스트를 맛볼 수 있는 야쿤 카야 토스트, 건강보조 식품으로 유명한 유얀상 등 종합선물세트가 따로 없지요. 쇼핑 전후로 출출하다면 이곳에서 식도락에 빠져보세요.

올드 시티

래플스 시티 쇼핑센터 Raffles City Shopping Center

층	대표 인기 브랜드 *레스토랑·카페 & 기타
지하 1층	*래플스 마켓 플레이스 Din Tai Fung, Bread Talk, Toast Box, Bibigo, MOS Burger, Out of the Pan, Skinny Pizza, Cedele, Canel , Jasons Market Place(슈퍼마켓), 환전소
1층	agn s b., Levi's, Coach, Tommy Hilfiger, Aigner, BritishIndia, NineWest, FURLA, Steve Madden, Rolex *Brotzeit, Starbucks Coffee, McDonald's, Tokyo Deli Cafe, Godiva
2층	Topshop / Topman, Mango, Marks & Spencer, ESPRIT, Warehouse, Nautica *Old Hong Kong Legend, SKII Boutique Spa(스파)
3층	Charles & Keith, Dressy *Food Junction(푸드 코트)

MRT 시티 홀 역에서 바로 연결되며 주변에서 가장 대표적인 쇼핑몰이다. 스위소텔 스탬퍼드 호텔, 페어몬트 호텔과도 이어져 탁월한 위치다. 지하 2층부터 지상 3층까지 폭 넓은 브랜드를 갖추고 있으며 영국계 백화점 로빈슨스가 입점해 함께 운영되는 복합적인 구조다. 럭셔리한 명품 브랜드보다는 한국인들에게 인기 있는 대중적인 브랜드가 주를 이루고 있어서 실속 있게 쇼핑을 즐길 수 있다. 인기 레스토랑, 카페, 푸드 코트도 있어 식도락에도 부족함이 없다. 특히 지하의 래플스 마켓 플레이스는 맛있기로 소문난 카페 · 레스토랑과 슈퍼마켓 등이 집중적으로 모여 있어 꼭 들러볼 만하다.

지도 P.116-B1 **주소** 252 North Bridge Road, Singapore **전화** 6338-7766 **홈페이지** www.rafflescity.com.sg **영업** 매일 10:00~22:00(매장에 따라 다름) **가는 방법** MRT City Hall 역에서 지하로 연결된다.

마리나 베이

선텍 시티 몰 Suntec City Mall

비즈니스 오피스 겸 쇼핑몰로 1984년 싱가포르의 리콴유 총리가 홍콩의 투자자들을 유치해 싱가포르 최고의 대형 비즈니스 지구로 개발했다. 현재 세계적인 다국적 기업들과 금융사, 컨벤션 센터, 쇼핑몰, 레스토랑 등이 모여서 싱가포르에서 가장 큰 복합 멀티 플레이스 역할을 하고 있다. 선텍 시티 몰은 풍수지리설에 입각해서 건축했는데 5개의 빌딩들이 사람의 손가락 모양과 유사하며 중앙에는 하늘 높이 솟구치는 부의 분수 The Fountain of Wealth가 있어서 손바닥에서 분수가 솟는 형상이다. 크게는 웨스트 윙 West Wing, 이스트 윙 East Wing으로 나뉘며 중앙의 부의 분수를 중심으로 파운틴 코트 Fountain Court에 레스토랑들이 밀집해 있다. 대

존	대표 인기 브랜드
West Wing (타워 5)	Cotton on, Esprit, GAP, Giordano, H&M, Levi's, Uniqlo Din Tai Fung, Mad for Garlic, Starbucks, Royce, Godiva, 덕 투어 DuckTours
East Wing (타워3, 타워4)	Timberland, Toys 'R' Us, Burger King, McDonald's, The Coffee Bean, Bornga, Kopitiam(푸드 코트)
Fountain Terrace	부의 분수, Hyperfresh by Giant (슈퍼마켓), Food Republic(푸드 코트), Astons, Bibigo, Crystal Jade Kitchen, Muthu's Curry, NamNam Noodle Bar, The Manhattan Fish Market, Tony Roma's, BreadTalk Café, Popeye's, Toast Box Wendy's, Food Republic(푸드 코트)

형 슈퍼마켓 카르푸가 입점해 있어 마트 쇼핑도 즐길 수 있으며 장난감의 천국 토이저러스 Toys 'R'us도 있다. 애스턴 Aston, 크리스탈 제이드 Cristal Jade, 무투스 커리 Muthu's Curry 등 100개가 넘는 레스토랑과 카페가 있어서 식도락을 위해 찾는 이들도 많다. 또한 300개 이상의 숍이 있는데 명품보다는 갭, 망고, 자라, 탑샵 등의 중급 브랜드와 보세 숍들이 많다.

지도 P.118-B1 **주소** Suntec City, 1 Raffles Boulevard, Singapore **전화** 6337-2888 **홈페이지** www.sunteccity.com.sg **영업** 매일 11:00~21:00(매장에 따라 다름) **가는 방법** ① MRT Esplanade 역 A번 출구에서 도보 5분 ② MRT Promenade 역 C번 출구에서 도보 5분

Tip 선텍시티 몰의 하이라이트 **히포·덕 투어와 부의 분수**

여행자들에게 인기가 높은 히포 투어 버스와 덕 투어의 티켓 데스크가 선텍시티에 있답니다. 갤러리아 1층 컨벤션 센터 입구의 푸드 리퍼블릭 옆에 위치하고 있으며 이곳에서 티켓을 구입하고 출발도 합니다. 선텍시티의 또 하나의 심벌인 '부의 분수'도 반드시 봐야 할 필수 코스. 삶의 본질(Essence of Life)을 상징하는 부의 분수는 5개의 빌딩이 둘러싸고 있는 중앙에 자리하고 있으며 세계에서 가장 큰 분수입니다. 풍수지리 사상에 따라 지어진 부의 분수를 세 바퀴 돌면 소원이 이루어진다고 믿어 분수를 따라 빙글빙글 도는 사람들을 구경할 수 있답니다. 믿거나 말거나 한 속설이지만 그들처럼 부의 분수를 돌며 소원을 빌어보는 것도 재미있겠지요?

리버사이드

센트럴 Central

클락 키 지역에서 가장 큰 규모를 자랑하는 곳으로 MRT 클락 키 역에서 바로 연결돼 접근성이 좋다. 싱가포르 대표 핫 플레이스로 통하는 클락 키와 마주보고 있어 중요한 랜드 마크 역할을 한다. 지하 1층부터 5층까지 브랜드 매장과 카페·레스토랑이 다양하게 들어서 있다. 쇼핑 브랜드는 다소 빈약한 편이지만 세계 각국의 요리를 선보이는 인기 레스토랑들이 집중돼 있어 식도락을 즐기기에 좋은 쇼핑몰이다. 1층에는 여자들이 사랑하는 구두 브랜드인 Charles & Keith, Mitju와 여성 의류 브랜드 bYSI가 있으며 야쿤 카야 토스트, BBQ치킨, 스타벅스, 버거킹 등이 있다. 2층에는 중국식 해산물 요리로 유명한 통 록 시그너처, 3층에는 한국 음식을 맛볼 수 있는 서울 야미, 커피 클럽이 있으며 4층에는 칠리 크랩으로 유명한 노 사인보드 시푸드 레스토랑이 있다. 그 외에도 30여 개의 레스토랑이 들어서 있다. 지하에 있는 센트럴 마켓에서는 가벼운 주머니로도 맛있는 식사를 즐길 수 있는 실속 있는 맛집들이 입점해 있다.

지도 P.049-C1 **주소** The Central, 6 Eu Tong Sen Street, Singapore **전화** 6532-9922 **홈페이지** www.thecentral.com.sg **영업** 매일 11:00~22:00(매장에 따라 다름) **가는 방법** MRT Clarke Quay 역 C·G번 출구에서 바로 연결, 클락 키 맞은편에 있다.

부기스&아랍 스트리트

부기스 정션 Bugis Junction

쇼핑몰이 다소 부족한 부기스 지역에서는 단연 독보적인 존재다. 고층 쇼핑몰 형태가 아니라 옆으로 넓게 이어지며 천장은 유리창으로 되어 있다. 중간 통로는 마치 마켓처럼 활기가 넘친다. 특히 10~20대들에게 인기가 좋아서 젊은 층에 맞는 브랜드와 트렌디한 스타일의 보세 브랜드가 주를 이룬다. 지하에서부터 4층까지 다양한 브랜드의 숍과 레스토랑 · 카페들이 입점해 있으며 다른 곳과 비교하면 보세 숍들이 많은 것이 특징이다. 20대가 좋아할 아기자기한 여성 의류와 디자인 티셔츠, 잡화 등을 파는 숍들이 많아 브랜드보다 개성 있는 아이템을 찾는 이들이라면 쇼핑의 묘미를 느낄 수 있을 것이다. 모스 버거, 허니문 디저트, 피시 앤 코, 토스트 박스, 스웬슨 등 실속 맛집들도 있다. 또한 인터컨티넨탈 호텔, MRT와 연결되는 허브 역할도 하고 있다.

층	대표 인기 브랜드 *레스토랑·카페 & 기타
지하	*Old Chang Kee, Eu Yan Sang, Crystal Jade La Mian Xiao Long Bao, KFC, Yoshinoya, Ya Kun Kaya Toast, Dong Dae Mun, Bread Talk, Cold Storage(슈퍼마켓)
1층	M.A.C, Charles&Keith, Topman & Topshop, The Body Shop, Bossini, Giordano, Mango *Starbucks Coffee, 환전소, Ajisen Ramen, McDonald's, Toast Box, Swensen's, MOS Burger, Honey Moon Dessert, Fish & Co., Nando's
2층	Converse, Billabong, Levi's, THEFACESHOP, Watson's, Seoul Garden, Sakae Sushi Cotton On, NIKE, Rip Curl, Sakae Sushi, Bangkok Jam, 유가네 닭갈비
3층	로컬 보세 브랜드 *Food Junction(푸드 코트), Books Kinokuniya(서점)
4층	*Shaw Bugis - Cineplex(극장)

지도 P.125-A2 **주소** Bugis Junction, 200 Victoria Street, Singapore **전화** 6557-6557 **홈페이지** www.bugisjunction-mall.com.sg **영업** 매일 10:00~22:00 **가는 방법** MRT Bugis 역에서 바로 연결된다.

리틀 인디아

무스타파 센터 Mustafa Centre

24시간 운영되는 쇼핑몰로 주로 현지인들이 즐겨 찾으며 전자제품·생활잡화·원단·의류·보석·식재료 등 셀 수 없을 만큼 다채로운 상품들을 판매하고 있다. 1층에는 전자제품·향수·생활잡화 등이 있고 2층으로 올라가면 여행자들의 흥미를 끄는 상품들이 모여 있다. 향신료를 비롯한 식자재·라면·콜릿·스낵·쿠키 등과 기념품으로 사면 좋을 멀라이언 모양의 초콜릿, 망고, 두리안 쿠키를 포장한 상품이 많아 선물용으로 좋다. 가격이 다른 마트에 비해 저렴한 편이며 1+1 상품들도 있으니 눈여겨보자. 한쪽 코너에는 멀라이언상 조각, 열쇠고리, 싱가포르 티셔츠 등이 있으니 기념품을 찾는다면 둘러보자.
2층에서 연결되는 슈퍼마켓에서는 각종 생선·과일·야채 등을 파는데 현지인들이 장을 보는 곳이라 가격이 저렴하다. 1층에 환전소가 있으며 짐을 맡아주니 무거운 것은 맡기고 쇼핑을 즐기자. 여행자들이 많이 사는 히말라야 허벌 화장품은 1층에서 판매하며 프로모션이 많아 확실히 다른 곳과 비교해 저렴한 편이다.

지도 P.127-B1 **주소** 145 Syed Alwi Road, Singapore **전화** 6295-5855 **홈페이지** www.mustafa.com.sg **영업** 24시간 **가는 방법** MRT Farrer Park 역에서 세랑군 로드 Serangoon Road를 따라 도보 5분, 세랑군 플라자 건물이 보이면 좌회전하면 된다.

리틀 인디아 아케이드 Little India Arcade

리틀 인디아로 진입하는 초입에 있는 2층 건물로 노란색이라 쉽게 눈에 띈다. 1920년대 콜로니얼 건축물을 새롭게 리노베이션해서 아케이드로 재탄생시켰다. 인도풍의 의류·소품·액세서리를 파는 숍들이 입점해 있으며 인도식 디저트, 과일을 파는 가게들도 있다. 리틀 인디아 대표 맛집인 바나나 리프 아폴로 Banana Leaf Apolo의 분점도 입점해 있다. 리틀 인디아에 오는 여행자들이 한번쯤 시도해보는 멘디(손에 인도식 헤나를 그리는 것)를 그려주는 가게들도 있으니 재미 삼아 해보는 것도 좋겠다.

지도 P.127-A2 **주소** 48 Serangoon Road, Singapore **전화** 6295-5998 **영업** 매일 09:00~22:00(매장에 따라 다름) **가는 방법** MRT Little India 역 C번 출구에서 도보 3분, 길 건너편에 있다.

센토사

비보 시티 Vivo City

센토사에서 다이렉트로 연결되는 대형 쇼핑몰. 센토사로 연결되는 모노레일도 비보 시티에서 출발하고, 케이블카를 탈 수 있는 하버 프런트 타워도 이곳과 연결되기 때문에 센토사를 찾는 사람들이라면 꼭 들르게 되는 필수 코스다. 비보 시티에는 다양한 레스토랑과 카페, 각종 브랜드가 모여 있다. 센토사에는 식도락과 쇼핑을 즐길 수 있는 곳이 부족한데 모노레일을 타고 이곳으로 넘어와 식사와 쇼핑을 즐길 수 있다. 명품 브랜드보다는 자라, 망고, 갭 등 실속 있는 캐주얼 브랜드가 많아 알찬 쇼핑을 즐길 수 있다. 식사는 다양한 맛을 한곳에서 즐길 수 있는 푸드 리퍼블릭이 절대적으로 인기를 끌고 있으며 나이트라이프까지 즐기고 싶다면 세인트 제임스 파워 스테이션으로 넘어갈 수도 있다.

층	대표 인기 브랜드 *레스토랑·카페 & 기타시설
지하2층	유얀상, 왓슨스 *Bread Talk, Toast Box, Old Chang Kee, Tai Express, 푸드 코트, MRT 연결, Vivo Mart(자이언트)
1층	crocs, Gap, Diesel, 바이스, Loccitane, COACH, MANGO, Marks&Spencer, Forever21, UNIQLO, TOPAHOP, ZARA, H&M 등 *베이커진, 브로자이트, 크리스탈 제이드, 허니문 디저트, 고 인디아, 모데스토, 스타벅스, 퉁 록 시그너처, 재패니즈 구르메 타운, 다지마야 야키니쿠 등 비보 마트(가디언), 씨티은행(ATM)
2층	G2000, Rip Curl, Quicksilver, Charles&Keith, ToysRus, Lim's Art 등 *커피 빈, 버거킹, 스시 테이, 하겐다즈, 시크릿 레시피 등, 케이블카 연결(하버 프런트 타워), 세인트 제임스 파워 스테이션 연결, 켄코(마사지)
3층	DAISO, Timezone, The Pet Safari 등 *푸드 리퍼블릭(푸드 코트), 마르쉐, 임페리얼 레스토랑, 노 사인보드 등, 센토사 익스프레스(모노레일), 스카이 파크

지도 P.131-B1 **주소** 1 Harbour Front Walk, Singapore **전화** 6377-6860 **홈페이지** www.vivocity.com.sg **영업** 매일 10:00~22:00 **가는 방법** MRT Harbour Front 역에서 연결, 비보 시티 3층 센토사 스테이션 Sentosa Station으로 모노레일 연결

HOTEL
싱가포르의 숙소

오차드 로드

굿우드 파크 호텔 Goodwood Park Hotel

오차드 로드에서 품격 있는 휴가를 즐기고 싶은 이들은 굿우드 파크 호텔을 기억하자. 이 호텔은 고층 빌딩과 쇼핑몰로 언제나 복잡한 오차드에 있으면서도 홀로 우아한 포스를 풍긴다. 유럽 저택을 연상시키는 굿우드 파크 호텔은 겉모습만 클래식한 게 아니라 유서 깊은 히스토리가 녹아있는 헤리티지 호텔이다. 1900년 부유한 독일인들의 사교장이었던 Teutonia Club의 건물로 지어졌으며 오차드의 고층 호텔과는 대비되는 3층 건물이지만 100년이 넘는 전통에서 나오는 품격이 곳곳에 녹아있어 특별한 느낌을 준다.

호텔로 들어가면 베이지 톤의 인테리어가 밝고 우아하다. 화려한 겉모습에 비해 객실은 다소 평범한 편으로 앤티크한 가구들이 클래식한 분위기를 풍긴다. 2개의 수영장이 있으며 호텔 내 레스토랑은 투숙객이 아닌 이들에게 더 인기가 높아 식사 시간이면 빈자리를 찾아보기 힘들다. 특히 1층에 위치한 레스프레소는 매일 오후 2시부터 5시까지 **운영**하는 영국식 애프터눈 티로 유명하다. 뷔페 스타일로 먹기 아까울 정도로 사랑스러운 디저트들 덕분에 여성들의 인기를 독차지하고 있다. 오차드 로드에서 접근성과 품격 두 가지를 다 원하는 이들에게 더 없이 좋은 곳이다.

지도 P.114-B2 **주소** 22 Scotts Road, Singapore **전화** 6737-7411 **홈페이지** www.goodwoodparkhotel.com **요금** 디럭스 US$320, 주니어 스위트 US$430 **가는 방법** MRT Ochard 역에서 도보 8분, 파 이스트 플라자 옆에 있다.

그랜드 하얏트 Grand Hyatt Singapore

오차드에서 오랫동안 굳건히 명성을 쌓아가고 있는 대표 호텔이다. 객실은 총 662개로 10개의 카테고리로 나뉘며 고급 대형 호텔답게 부대시설도 훌륭하다. 도시적인 호텔 분위기와는 또 다르게 수영장과 스파가 있는 부대시설은 정글을 연상시킬 정도로 싱그러운 녹음과 인공 계곡이 트로피컬한 분위기를 물씬 풍긴다. 다마이 스파와 스트레이트 키친은 호텔 투숙객은 물론 외부 방문객들에게도 뜨거운 인기를 끌고 있다. 최고의 장점은 오차드 로드의 노른자위에 위치해 언제든지 오차드 로드의 인기 쇼핑몰로 이동할 수 있다는 것이다.

지도 P.114-B2 **주소** 10 Scotts Road, Singapore **전화** 6738-1234 **홈페이지** www.grandhyatt.com **요금** 그랜드 US$390, 그랜드 디럭스 US$430 **가는 방법** MRT Ochard 역에서 도보 3분, 스코츠 스퀘어 옆에 있다.

퀸시 호텔 Quincy Hotel

트렌디한 스타일과 디자인 감각이 녹아있는 퀸시 호텔은 스타일만큼 특별한 패키지로 여행자들을 사로잡고 있다. 풀보드 베네핏이 포함된 패키지로 예약되며 제공되는 베네핏은 리무진 공항 왕복 서비스를 시작으로 조식은 물론 런치·디너를 제공하며 매일 저녁에는 무제한으로 맥주를 즐길 수도 있다. 세탁 서비스에 인터넷과 미니바 등 호텔 내에서 대부분이 무료로 제공되므로 부담 없이 100% 호텔을 즐길 수 있다. 온전히 호텔놀이를 즐기고 싶은 이들이나 비즈니스 트립 시 식사와 서비스를 한번에 해결하고 싶은 이들에게 호평을 받고 있다. 무선 인터넷은 물론 아이팟 도킹까지 완비돼 있다.

지도 P.115-C2 **주소** 22 Mount Elizabeth, Singapore **전화** 6738-5888 **홈페이지** www.quincy.com.sg **요금** 스튜디오 US$290, 스튜디오 디럭스 US$310 **가는 방법** MRT Orchard 역에서 도보 10분, 굿우드 파크 호텔 뒤편의 엘리자베스 호텔 옆에 있다.

올드 시티

래플스 호텔 Raffles Hotel

단순한 숙소가 아니라 싱가포르를 대표하는 관광지가 된 래플스 호텔. 싱가포르의 국보급 호텔인 이곳은 전 세계의 셀러브리티와 정치가들이 머물렀던 이력으로도 명성이 자자하다. 모든 객실은 스위트로 구성되어 있으며 클래식하면서도 기품이 호텔 안팎으로 흘러넘친다. 높은 숙박료 때문에 여행자들 대부분은 숙박보다는 관광지처럼 들러 구경을 하고 레스토랑이나 바에서 래플스 호텔을 경험하는 것으로 만족하고 있다. 특별한 히스토리가 녹아있는 호텔에서 하룻밤을 보내고 싶은 여행자 혹은 허니무너라면 추천할 만하다.

지도 P.116-A2 **주소** 1 Beach Road, Singapore **전화** 6337-1886 **홈페이지** www.raffleshotel.com **요금** 코트야드 스위트룸 US$620, 코트 스위트룸 US$690 **가는 방법** MRT City Hall 역에서 도보 3분

페어몬트 호텔 Fairmont Singapore

래플스 시티 쇼핑센터에서 바로 이어지는 호텔로 스위소텔 스탬퍼드와 이웃하고 있다. 총 769개의 객실은 단아하면서도 깔끔한 스타일로 꾸며져 있으며 위치 좋은 숙소를 찾는 여행자들과 비즈니스 여행자들이 애용한다. 객실 층이 높을수록 풍경이 근사하며 객실의 구조도 전망을 고려하여 한쪽을 통유리로 꾸며놓았다. 숙소 내에 고급 중식당 스촨 코트 Szechuan Court와 일식당 엔주 ENJU 등 소문난 맛집이 있으며 유명한 윌로 스팀 스파 Willow Stream Spa도 있다. 바로 옆에 있는 스위소텔 스탬퍼드와 스파·수영장 등을 공유하고 있다.

지도 P.116-A2 **주소** 80 Bras Basah Road, Singapore **전화** 6339-7777 **홈페이지** www.fairmont.com/singapore **요금** 슈피리어 US$300, 스탠더드 US$340 **가는 방법** MRT City Hall 역에서 도보 3분, 스위소텔 스탬퍼드 호텔 옆에 있다.

마리나 베이

만다린 오리엔탈 Mandarin Oriental Singapore

쟁쟁한 고급 호텔들이 각축을 벌이고 있는 마리나 베이에서 고객들의 만족도가 단연 높은 호텔이 바로 만다린 오리엔탈. 비싸지만 그만큼의 값어치를 한다는 것이 다녀온 이들의 평이다. 만다린 오리엔탈의 심벌인 부채 모양을 형상화한 아트리움은 웅장하고 강렬한 첫인상을 주기에 충분하다. 세심한 서비스 또한 여행자들에게 최고라 칭송받는 이유 중 하나. 5층에 위치하고 있는 야외 수영장은 만다린 오리엔탈의 하이라이트다. 뒤로는 선텍시티, 옆으로는 싱가포르 플라이어, 마리나 베이 샌즈, 플러튼 호텔 너머의 마천루들이 둘러싸고 있어 수영을 하며 그 어떤 루프탑 바 부럽지 않은 최고의 뷰를 감상할 수 있다. 호텔 내에서 럭셔리 스파로 인기가 높은 더 스파 The Spa와 중식당 체리 가든 Cherry Garden, 프리미엄 스테이크 하우스 몰튼 Morton's 등을 만날 수 있다. 마리나 스퀘어와 연결되어 언제든 쇼핑과 식도락을 즐길 수 있으며 에스플러네이드, 마리나 베이 샌즈도 도보로 이동이 가능하다.

지도 P.118-B2 **주소** 5 Raffles Avenue Marina Square, Singapore **전화** 6338-0066 **홈페이지** www.mandarinoriental.com **요금** 프리미어 US$420, 클럽 룸 US$570 **가는 방법** MRT City Hall 역에서 도보 5~8분, 마리나 스퀘어에서 연결된다.

플러튼 호텔 The Fullerton Hotel

원래는 건국 100주년을 기념하기 위해 1928년에 지은 우체국으로 2001년 새롭게 호텔로 거듭났으며 현재는 스폿처럼 싱가포르에서 중요한 랜드마크 역할을 하고 있다. 마리나 베이의 빌딩 숲을 배경으로 아름다운 건축 양식에서 클래식한 위엄이 흘러넘친다. 높은 천장과 콜러니얼풍으로 꾸며진 내부가 아름다우며 플러튼의 역사적인 장면이 담긴 사진과 자료들이 전시되어 있다. 총 객실 수는 400개로 내부는 우아하고 장중한 분위기로 꾸며져 있다. 25m의 인피니티 풀은 강가를 내려다보며 낭만적인 휴양을 즐기기에 더 없이 좋다. 싱가포르의 심벌인 멀라이언 파크, 래플스경 상륙지, 아시아 문명 박물관도 가깝게 위치하고 있다. 로비에 있는 더 코트야드 The Courtyard는 싱가포르에서도 가장 인기가 높은 애프터눈 티로 유명하다.

지도 P.118-A2 **주소** 1 Fullerton Square, Singapore **전화** 6733-8388 **홈페이지** www.fullertonhotel.com **요금** 코트야드 룸 US$420, 헤리티지 룸 US$480 **가는 방법** MRT Raffles Place 역에서 도보 5분

마리나 베이 샌즈 호텔 Marina Bay Sands Hotel

호텔보다는 오히려 하나의 관광 스폿처럼 되어버린 마리나 베이 샌즈는 카드를 맞대 놓은 듯한 3개의 타워 위에 크루즈 배를 올려놓은 것 같은 모습은 실제로 보면 더욱 웅장하고 놀랍다. 총 객실이 무려 2561개에 달해 규모 면에서는 단연 싱가포르 최고 수준이다. 타워1과 타워3에 호텔 체크인 데스크가 있으며 객실은 비교적 넓은 편이고 탁 트인 뷰가 근사하다. 대부분의 투숙객이 이곳에 묵는 이유인 57층의 스카이 파크는 싱가포르가 한눈에 내려다보이는 인피니티 풀이 장관이다. 수영을 하며 내려다보는 싱가포르의 시티 뷰는 오직 투숙객만이 누릴 수 있는 특권이다. 객실은 물론 호텔 내에서 무선 인터넷을 무료로 사용할 수 있다.

지도 P.118-B3 **주소** 10 Bayfront Avenue, Singapore **전화** 6688-8868 **홈페이지** www.marinabaysands.com **요금** 디럭스 US$390, 프리미어 US$420 **가는 방법** MRT Bayfront 역 B·C·D·E번 출구에서 연결된다.

리버 사이드

스위소텔 머천트 코트
Swissotel Merchant Court

클락 키의 중심에 들어와 있는 호텔로 클락 키에서 많은 시간을 보내고 싶은 여행자에게는 더없이 좋은 곳이다. 객실은 무난한 편이며 일부 객실은 리노베이션을 통해 한층 업그레이드되었다. 수영장은 열대의 분위기가 풍기도록 꾸며져 있으며 아이들이 좋아하는 슬라이드도 있다. 피트니스·스파·레스토랑 등의 부대시설도 부족함 없이 갖추고 있다. MRT 역과 센트럴 쇼핑몰이 바로 옆이고 핫 플레이스들이 가득한 클락 키와 바로 마주하고 있어 언제든 내 집 드나들 듯 갈 수 있다.

지도 P.049-C1 **주소** 20 Merchant Road, Singapore **전화** 6337-2288 **홈페이지** www.swissotel.com **요금** 클래식 US$230, 스위스 비즈니스 US$280 **가는 방법** MRT Clarke Quay 역에서 도보 2분, 센트럴 쇼핑몰 옆에 있다.

노보텔 클락 키 Novotel Clarke Quay

세계적인 호텔 체인인 아코르 Accor 계열의 대표 호텔인 노보텔은 대중적이고 실용적인 스타일로 여행자에게 사랑받는다. 싱가포르에서도 가장 핫한 동네인 클락 키에 있어 맛집과 나이트라이프를 즐기기에 좋은 위치라는 것이 이 호텔의 가장 큰 메리트. 호텔은 전체적으로 모던하고 세련된 스타일로 꾸며져 있으며 객실도 깔끔한 편이고 야외 수영장도 시원스럽다. 리앙 코트 쇼핑몰과 바로 연결되어 식사나 쇼핑을 하기에도 편리하다.

지도 P.048-B1 **주소** 177A River Valley Road, Singapore **전화** 6338-3333 **홈페이지** www.novotel.com **요금** 스탠더드 US$210, 슈피리어 US$260 **가는 방법** MRT Clarke Quay 역에서 도보 5분, 리앙 코트에서 연결된다.

차이나타운

푸라마 시티 센터 Furama City Centre

차이나타운과 클락 키 두 지역 모두 도보로 이동할 수 있을 정도로 가까운 거리라서 관광을 즐기기에 편리한 위치다. 총 445개의 객실을 갖추고 있으며 룸 컨디션이 고급스럽거나 세련된 편은 아니지만 비교적 깔끔하고 쾌적하게 관리되고 있다. 무엇보다 위치가 좋고 객실과 서비스도 가격 대비 만족도가 높아 중급 호텔들 중에서 지속적으로 인기를 끌고 있다. 주로 바깥에서 관광을 즐기면서 많은 시간을 보낼 여행자에게 제격이다.

주소 60 Eu Tong Sen Street, Singapore **전화** 6533-3888 **홈페이지** www.furama.com/citycentre **요금** 슈피리어 US$190, 디럭스 US$210 **가는 방법** MRT Chinatown 역에서 도보 3분, 피플스 파크 콤플렉스 옆에 있다.

스칼렛 호텔 The Scarlet a Boutique Hotel

싱가포르 최초의 럭셔리 부티크 호텔로 화려하고 매혹적인 스타일로 치장하고 있다. 1920년대 숍 하우스로 사용되던 건물 양식을 고스란히 살린 채 내부만 리노베이션해 2004년 재탄생했다. 멀리서 봐도 호텔이라기보다는 부티크 숍과 같은 모습을 하고 있지만 안으로 들어가면 화려한 샹들리에와 강렬한 레드와 블랙의 색상이 눈길을 사로잡는다.

객실은 앤티크 가구와 강렬한 컬러의 벨벳 등의 소재를 사용해 화려하게 꾸며져 있다. 공주풍의 로맨틱한 분위기 덕분에 호불호가 확실히 나뉘며 투숙객의 대부분은 여성 여행자와 커플들이다. 객실마다 스타일과 사이즈가 다르며 야외 자쿠지가 있는 로맨틱한 방은 허니무너에게 인기가 높다. 역사가 오래됐지만 지속적인 관리로 낡은 느낌은 없으나 복도 등은 좁은 편이며 부대시설이 부실한 것이 최대의 단점이다. 부대시설보다는 로맨틱한 객실에 로망을 갖고 있는 여행자에게 잘 어울린다.

지도 P.124-A3 **주소** 33 Erskine Road, Singapore **전화** 6511-3303 **홈페이지** www.thescarlethotel.com **요금** 디럭스 US$180~, 프리미엄 US$250~ **가는 방법** MRT Chinatown 역에서 도보 8~10분, 불아사 건너편 오르막길로 도보 2분

부기스&아랍 스트리트

인터컨티넨탈 호텔 Intercontinental Singapore

이름만으로도 신뢰가 가는 인터컨티넨탈 호텔 체인에 속한 이곳은 부기스 지역에서는 독보적인 고급 호텔이다. 고풍스러운 콜로니얼풍 건물에 우아하고 클래식한 분위기가 흘러넘친다. 1960년대의 페라나칸 숍 하우스의 모습이 고스란히 녹아있는 건축 양식이 아름답다. 총 객실 수는 403개이며 객실 내부도 앤티크한 가구들로 차분하고 고상하게 꾸며져 있다. 특히 샹들리에가 빛나는 로비가 아름다우며 이곳에서의 애프터눈 티도 근사하다. MRT 부기스 역에서 바로 연결되어 접근이 쉽고 부기스 정션 쇼핑몰도 붙어있어 쇼핑과 식도락을 즐기기에 완벽한 환경이다. 호텔 내에 위치한 레스토랑 중 최고의 중식당으로 꼽히는 만복원, 뷔페로 명성이 자자한 올리브 트리도 눈여겨볼 만하다.
페라나칸 Peranakan이란 중국과 말레이의 혼합된 싱가포르만의 독특한 문화로, 인터컨티넨탈 호텔은 페라나칸을 상징하는 문양과 소품, 가구 등으로 꾸며놓아 더 의미가 있다. 스위트 등급의 객실은 리노베이션을 마쳐 룸 컨디션이 한층 고급스럽고 쾌적해졌다. 야외 수영장이 있어 품격 있는 휴양을 즐기기에도 부족함이 없다.

지도 P.125-A2 **주소** 80 Middle Road, Singapore **전화** 6338-7600 **홈페이지** www.intercontinental.com **요금** 디럭스 US$380, 클럽 룸 US$450 **가는 방법** MRT Bugis 역에서 바로 연결된다. 부기스 정션 옆에 있다.

리틀 인디아

풋프린트 호스텔 Footprints Hostel

전 세계 배낭여행자들이 모여드는 곳으로 다양한 도미토리 타입 중에서 고를 수 있다. 패밀리 룸의 경우 6개의 베드가 있어 인원수가 많은 친구들끼리 한 방을 빌려서 지내기에 편리하다. 투숙객이 사용 가능한 컴퓨터가 있으며 유료로 이용할 수 있는 세탁기와 건조기도 있어 장기 여행자에게 유용하다. 리틀 인디아 역과 부기스 역의 중간 지점에 위치하고 있으며 MRT 역에서 약간 멀다는 것이 단점이다.

지도 P.127-A2 **주소** 25A Perak Road, Singapore **전화** 6295-5134 **홈페이지** www.footprintshostel.com.sg **요금** 도미토리 1인당 S$15~, 패밀리 룸 S$88.90~ **가는 방법** MRT Little India 역에서 도보 10분, 페락 로드에 있다.

알버트 코트 빌리지 호텔 Albert Court Village Hotel

리틀 인디아 지역에서 클래식한 분위기의 근사한 숙소를 찾고 있다면 이곳을 추천한다. 과거 숍 하우스였던 건물을 새롭게 단장해 호텔로 운영 중인 곳으로 싱가포르 내에 유명 호텔을 거느리고 있는 파 이스트 계열 중 한 곳이다. 마치 유럽 어느 마을의 저택과도 같은 분위기가 클래식하면서도 이국적이다. 무료로 인터넷을 사용할 수 있으며 수영장 대신 자쿠지가 있다. 투숙객을 위하여 시티 홀 City Hall 역까지 셔틀 서비스를 제공한다.

지도 P.127-B2 **주소** 180 Albert Street, Singapore **전화** 6339-3939 **홈페이지** www.stayvillage.com/albertcourt **요금** 슈피리어 US$130, 디럭스 US$150 **가는 방법** MRT Little India 역에서 도보 3분, 더 베르지 쇼핑몰 건너편에 있다.

싱가포르 동부

크라운 플라자 창이 에어포트 Crowne Plaza Changi Airport

창이 공항에서 바로 연결되는 공항 트랜짓 호텔로 고급스럽고 모던한 스타일로 호평을 받고 있다. 터미널3에서 바로 연결되는 최적의 접근성으로 싱가포르 경유 비행기로 1박을 해야 하는 경우나 밤 비행기로 도착하는 여행자들에게 제격이다. 총 370개의 객실에 스파, 야외 수영장, 라운지 등 부대시설도 알차다. 현대적이면서도 세련된 분위기로 고급스럽게 꾸며져 있으며 비즈니스 여행자들은 물론 허니무너들이 묵기에도 좋다.

주소 75 Airport Boulevard #01-01, Singapore **전화** 6823-5300 **홈페이지** www.crowneplaza.com **요금** 디럭스 US$280 **가는 방법** 창이 국제공항 터미널3에 있다.

센토사

샹그릴라 라사 센토사 Shangri-la's Lasa Sentosa Resort

여행자들이 꿈꾸는 휴양을 가장 완벽하게 실현시켜 주는 리조트로 오랫동안 센토사 내 인기 리조트 정상의 자리를 지키고 있다. 실로소 비치 끝자락에 있으며 바다를 감싸 안는 듯한 하얀 건물에 싱그러운 정원과 넓은 풀을 갖추고 있다. 휴양을 즐기기에 더 없이 좋은 환경이며 특히 아이들을 위한 슬라이드, 키즈 풀, 키즈 클럽이 잘 관리되고 있어 투숙객의 상당수가 가족 단위 여행자들이다. 총 454개의 객실을 갖추고 있으며 10개의 룸 카테고리는 가족 여행자부터 허니무너까지 폭넓은 타깃을 아우른다. 2011년 리노베이션을 마쳐 한층 더 고급스럽고 세련된 룸 컨디션을 자랑하고 있다. 아이를 동반한 가족 여행자라면 데이 베드를 유용하게 사용할 수 있는 패밀리 룸을 추천하며 허니무너라면 넓은 테라스에서 파노라마 뷰를 감상하며 프라이빗한 식사까지 즐길 수 있는 테라스 룸을 추천한다. 전 객실이 테라스를 갖추고 있어서 어디서든 시원스러운 전망을 즐길 수 있다. 7개의 레스토랑을 갖추고 있어 리조트 안에서 식도락을 즐기기에도 충분하며 비보 시티로 연결되는 셔틀버스를 20분마다 왕복 운행하고 있어 언제든 비보 시티 쇼핑몰로 가서 쇼핑을 즐길 수 있다.

지도 P.131-D1 **주소** 101 Siloso Road, Sentosa Island, Singapore **전화** 6275-0100 **홈페이지** www.shangri-la.com **요금** 슈피리어 US$330, 디럭스 US$360 **가는 방법** 센토사 비치 트램(실로소 비치행)을 타고 실로소 비치 끝에서 하차

소피텔 싱가포르 센토사 리조트 & 스파
Sofitel Singapore Sentosa Resort & Spa

트로피컬한 자연 속에서 온전히 휴가를 즐길 수 있는 수준 높은 리조트다. 3만 평이 넘는 부지에 아름다운 정원이 꾸며져 있고 그 사이사이 레스토랑과 객실·수영장이 여유롭게 조성되어 있어 복잡한 도시를 떠나 완벽한 휴양을 즐기기에 더 없이 좋은 환경이다. 객실은 총 215개이며 일반 객실부터 둘만의 시간을 보낼 수 있는 독립된 빌라까지 두루 갖추고 있다. 취향에 따라 고를 수 있도록 자체 패키지가 많은 것이 차별화된 특징이다. 로맨틱 패키지는 스파, 클리프에서의 디너, 샴페인 등이 포함되어 있어 커플들이 선호하며, 완벽한 휴양을 즐기고 싶다면 스파와 객실이 함께 구성된 '심플리 스파 패키지'를 추천한다. 리조트내의 클리프 레스토랑과 소 스파는 명성이 자자하니 꼭 경험해보자. 워낙 규모가 크기 때문에 걷기 힘들다면 버기를 타고 리조트 안에서 스파 등으로 이동할 수 있다. 쇼핑이나 식도락을 즐기고 싶다면 투숙객들의 편의를 위해 제공되는 무료 셔틀 서비스를 이용해 오차드의 파라곤과 비보 시티로 이동할 수 있다.

지도 P.131-A1 **주소** 2 Bukit Manis Road, Sentosa Island, Singapore **전화** 6708-8310 **홈페이지** www.sofitel-singapore-sentosa.com **요금** 디럭스 US$260, 프리미어 스위트 US$510 **가는 방법** 센토사 버스 B를 타고 센토사 골프 클럽에서 하차.

하드 락 호텔 Hard Rock Hotel Singapore

센토사의 거대한 테마파크인 리조트 월드 센토사 내에 있는 대중적으로 인기가 높은 호텔이다. 하드 락 호텔 특유의 펑키하고 팝적인 스타일로 유명하며 로비는 근사한 바를 연상시킨다. 객실마다 락 스타들의 그림들이 걸려있으며 트렌디한 스타일로 꾸며져 있다. 울창한 야자수들로 열대의 분위기가 물씬 풍기는 수영장은 이곳의 자랑거리로 해변처럼 모래를 깔아두어서 아이들이 놀기에도 좋다.

지도 P.131-C2 **주소** 8 Sentosa Gateway, Sentosa, Singapore **전화** 6577-8899 **홈페이지** www.hardrockhotel singapore.com **요금** 디럭스 US$200~ **가는 방법** 센토사 모노레일 워터프런트 역에서 하차. 리조트 월드 센토사 내에 있다.

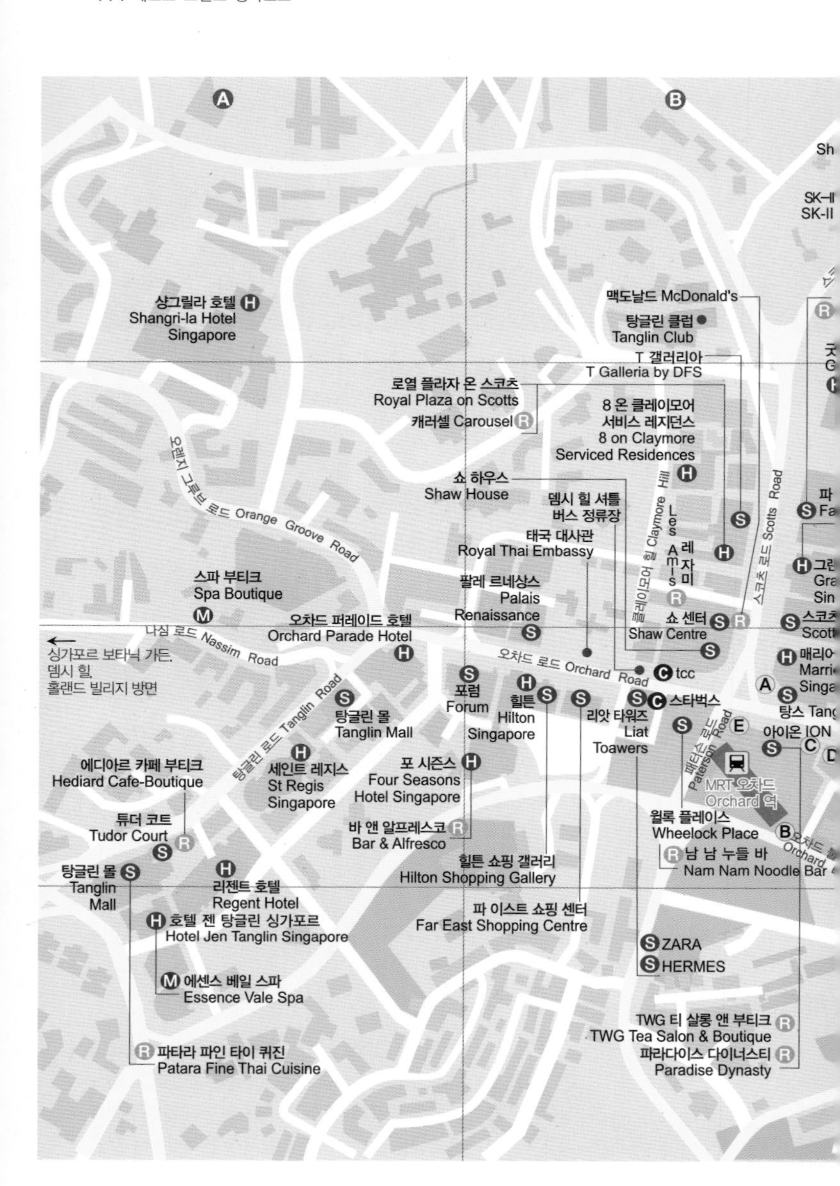

A
B
샹그릴라 호텔
Shangri-la Hotel Singapore
맥도날드 McDonald's
탕글린 클럽
Tanglin Club
T 갤러리아
T Galleria by DFS
로열 플라자 온 스코츠
Royal Plaza on Scotts
캐러셀 Carousel
8 온 클레이모어 서비스 레지던스
8 on Claymore Serviced Residences
오렌지 그로브 로드 Orange Groove Road
쇼 하우스
Shaw House
뎀시 힐 셔틀 버스 정류장
태국 대사관
Royal Thai Embassy
클레이모어 힐 Claymore Hill
Les Amis
레자미
스코츠 로드 Scotts Road
스파 부티크
Spa Boutique
팔레 르네상스
Palais Renaissance
오차드 퍼레이드 호텔
Orchard Parade Hotel
나심 로드 Nassim Road
쇼 센터
Shaw Centre
싱가포르 보타닉 가든, 뎀시 힐, 홀랜드 빌리지 방면
오차드 로드 Orchard Road
tcc
포럼
Forum
힐튼
Hilton Singapore
리앗 타워즈
Liat Toawers
스타벅스
탕글린 로드 Tanglin Road
탕글린 몰
Tanglin Mall
패터슨 로드 Paterson Road
에디아르 카페 부티크
Hediard Cafe-Boutique
세인트 레지스
St Regis Singapore
포 시즌스
Four Seasons Hotel Singapore
MRT 오차드 역
Orchard
튜더 코트
Tudor Court
바 앤 알프레스코
Bar & Alfresco
윌록 플레이스
Wheelock Place
남 남 누들 바
Nam Nam Noodle Bar
탕글린 몰
Tanglin Mall
리젠트 호텔
Regent Hotel
힐튼 쇼핑 갤러리
Hilton Shopping Gallery
호텔 젠 탕글린 싱가포르
Hotel Jen Tanglin Singapore
파 이스트 쇼핑 센터
Far East Shopping Centre
ZARA
HERMES
에센스 베일 스파
Essence Vale Spa
TWG 티 살롱 앤 부티크
TWG Tea Salon & Boutique
파타라 파인 타이 퀴진
Patara Fine Thai Cuisine
파라다이스 다이너스티
Paradise Dynasty
아이온 ION
탕스
메리어트
스코츠

오차드 로드
MRT 뉴튼 역 방면
왕궁
The Istana
엘리자베스 호텔
Elizabeth Hotel
퀸시 호텔
Quincy Hotel
마운트 엘리자베스
Mount Elizabeth
마운트 엘리자베스 병원
Mount Elizabeth Hospital
싱가포르
비지터스 센터
Singapore
Visitors Centre
센터 포인트
Centre Point
스리 테마섹
Sri Temasek
카늘레
Canelé Pâtisserie
Chocolaterie
비첸향
Bee Cheng
Hiang
컵페이지 테라스
Cuppage Terrace
미드포인트
Midpoint
스타벅스
OG 오차드 포인트
OG Orchard Point
그랜드 파크 오차드
Grand Park
Orchard
파라곤
Paragon
비드포드 로드
Bideford Road
Orchard Road
TOPSHOP
Abercrombie & Fitch
에메랄드 힐
Emerald Hill
콩코드 호텔
Concorde
Hotel
콩코드 아케이드
Concorde Arcade
MRT 도비 갓 역 방면
Ngee Ann City
H&M
커피 클럽
O' Coffee Club
313@서머셋
313@Somerset
오차드 센트럴
Orchard Central
크리스탈 제이드
Crystal Jade
만다린 갤러리
Mandarin Gallery
이스타나 파크
Istana Park
페낭 로드 Penang Road
라뒤레
Laduree
오차드 링크
Orchard Link
서머셋 로드
Somerset Road
랭손 플레이스
Lanson Place
조이 JOIE
만다린 오차드
Mandarin Orchard
MRT 서머셋
Somerset 역
통 록 시푸드
Tong Lok Seafood
허니문 디저트
Honeymoon
Dessert
오차드 게이트웨이
Orchard Gateway

올드 시티
N
선샤인 플라자
Sunshine Plaza
MRT 벤쿨렌 역
Bencoolen 역
벤쿨렌 스트리트 Bencoolen Street
호텔 아이비스
Hotel ibis Singapore
on Bencoolen
포춘 센터
Fortune Centre
워털루 스트리트 Waterloo Street
싱가포르
아트 뮤지엄
돔 카페
Dôme
Cafés
퀸 스트리트 Queen street
로열 앳
퀸즈 호텔
일루마
Illuma
미들 로드 Middle Road
성 요셉 성당
St Joseph's Church
국립 도서관
그랜드 퍼시픽 호텔
Grand Pacific Hotel
인터컨티넨탈 호텔
건더스
Gunther's
부기스 정션
부기스, 아랍 스트리트 방면
사브어 레스토랑
Saveor Restaurant
퍼비스 스트리트
Purvis Street
시 스트리트
Seah Street
친친 이팅 하우스
자이 타이 Jai Thai
나우미 Naumi
칼튼 호텔
Carlton
Hotel
노스 브리지 로드 North Bridge Road
래플스 호텔
Raffles Hotel
MRT 브라스 바사 역
Bras Basah 역
브라스 바사 로드 Bras Basah Road
굿 셰퍼드 성당
Cathedral of the
Good Shepherd
빅토리아 스트리트 Victoria Street
차임스
Chijmes
페어몬트 호텔
래플스 시티 쇼핑센터
MRT 시티 홀 역
City Hall 역
스위소텔 스탬퍼드
Swissotel The Stamford
선텍타워 1
선텍타워 2
선텍타워 3
선텍타워 4
로처 로드
Rochor Road
MRT 프로머네이드 역
Promenade 역
선텍시티 몰
Suntec City Mall
콘래드
테마섹 불러바드 Temasek Boulevard
밀레니아 워크
Millenia Walk
팬 퍼시픽
Pan Pacific
Singapore
민트 장난감 박물관
Mint Museum of Toy
핀스 Fynn's
MRT 에스플러네이드 역
Esplanade 역
마리나 만다린
Marina Mandarin
만다린 오리엔탈 호텔
전쟁기념관
비치 로드 Beach Road
시티링크 몰
City Link Mall
래플스 링크 Raffles Link
마리나 스퀘어
Marina Square
에스플러네이드
Esplanade Theaters
on The Bay
마칸수트라
글루턴스 베이 호커 센터
Makansutra Gluttons Bay
에스플러네이드 드라이브 Esplanade Drive
마리나 베이 방면
오차드 로드 방면
싱가포르 국립 박물관
National Museum
of Singapore
스탬퍼드 로드 Stamford Road
파크 몰
Park Mall
포트 캐닝 터널
Fort Canning Tunnel
아르메니안 처치
Armenian Church
아르메니안 스트리트 Armenian Street
그랜드 파크
시티 홀
Grand Park
City Hall
세인트 앤드루스 성당
St. Andrew's Cathedral
세인트 앤드루스 로드 Saint Andrew's Road
파당 Padang
페라나칸 뮤지엄
Peranakan
Museum
페닌슐라 엑셀시어
Peninsula
Excelsior Hotel
시청
호텔 포트 캐닝
Hotel Fort Caning
콜맨 스트리트 Coleman Street
더 글라스 하우스
The Glass House
싱가포르 우표 박물관
Singapore Philatelic
Museum
중앙 소방서
대법원
포트 캐닝 로드 Fort Canning Road
포트 캐닝 파크
Fort Canning Park
푸난 디지털 몰
Funan DigitaLife Mall
힐 스트리트 Hill street
멀라이언 파크
Merlion Park
래플스경 상륙지
보트하우스
앤 프렐류드
풀러튼 로드 Fullerton Road
팜 비치 시푸드
Palm Beach Seafood
미카 빌딩
MIKA Building
팀버 앳 더
아트 하우스
Timbre @ The
Arts House
더 아트 하우스
The Arts House
아시아 문명 박물관
Asian Civilisations
Museum
버터 팩토리
BUTTER FACTORY
리버사이드 방면
리버 밸리 로드 River Valley Road

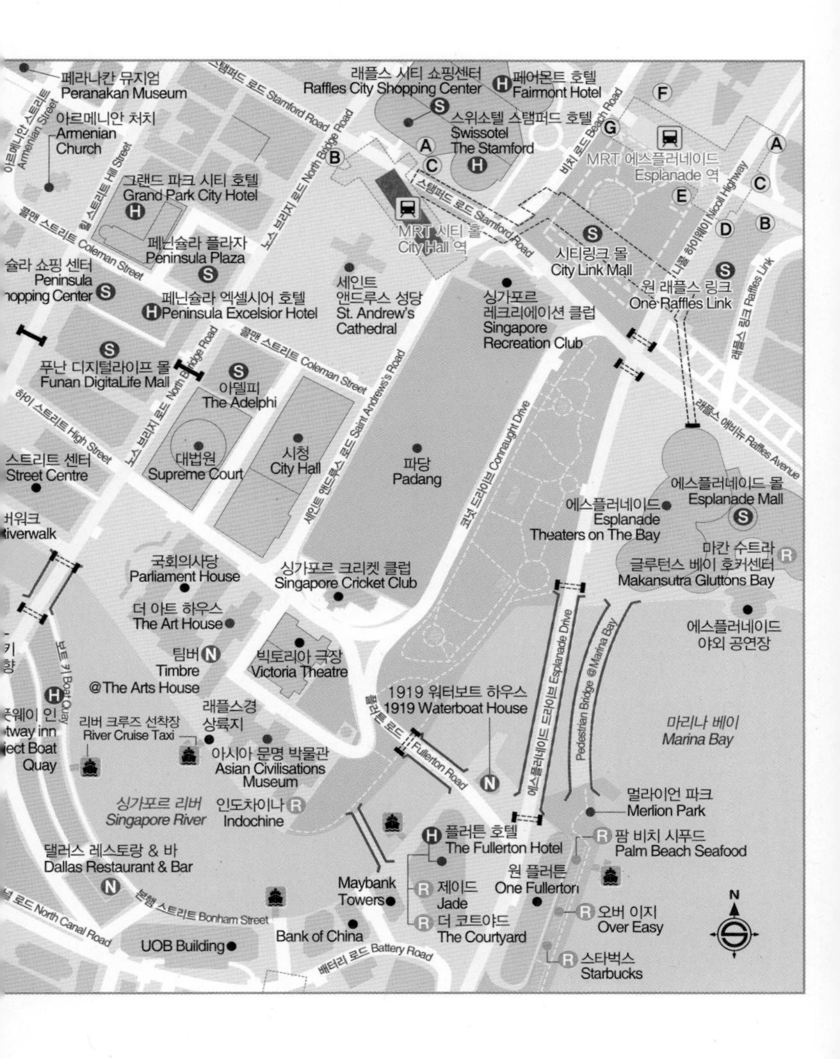

페라나칸 뮤지엄
Peranakan Museum
아르메니안 처치
Armenian Church
래플스 시티 쇼핑센터
Raffles City Shopping Center
페어몬트 호텔
Fairmont Hotel
스위소텔 스탬퍼드 호텔
Swissotel The Stamford
스탬퍼드 로드 Stamford Road
노스 브리지 로드 North Bridge Road
힐 스트리트 Hill Street
그랜드 파크 시티 호텔
Grand Park City Hotel
MRT 에스플러네이드
Esplanade 역
MRT 시티 홀
City Hall 역
비치 로드 Beach Road
니콜 하이웨이 Nicoll Highway
콜맨 스트리트 Coleman Street
페닌슐라 플라자
Peninsula Plaza
시티링크 몰
City Link Mall
원 래플스 링크
One Raffles Link
래플스 링크 Raffles Link
페닌슐라 쇼핑 센터
Peninsula Shopping Center
페닌슐라 엑셀시어 호텔
Peninsula Excelsior Hotel
세인트 앤드루스 성당
St. Andrew's Cathedral
싱가포르 레크리에이션 클럽
Singapore Recreation Club
푸난 디지털라이프 몰
Funan DigitaLife Mall
아델피
The Adelphi
하이 스트리트 High Street
세인트 앤드루스 로드 Saint Andrew's Road
코넛 드라이브 Connaught Drive
래플스 애비뉴 Raffles Avenue
대법원
Supreme Court
시청
City Hall
파당
Padang
스트리트 센터
Street Centre
리버워크
Riverwalk
에스플러네이드 몰
Esplanade Mall
에스플러네이드
Esplanade
Theaters on The Bay
마칸 수트라
글루턴스 베이 호커센터
Makansutra Gluttons Bay
국회의사당
Parliament House
싱가포르 크리켓 클럽
Singapore Cricket Club
더 아트 하우스
The Art House
에스플러네이드
야외 공연장
팀버
Timbre
@The Arts House
빅토리아 극장
Victoria Theatre
보트 키 Boat Quay
1919 워터보트 하우스
1919 Waterboat House
에스플러네이드 드라이브 Esplanade Drive
Pedestrian Bridge @Marina Bay
래플스경 상륙지
리버 크루즈 선착장
River Cruise Taxi
풀러튼 로드 Fullerton Road
마리나 베이
Marina Bay
아시아 문명 박물관
Asian Civilisations Museum
싱가포르 리버
Singapore River
인도차이나
Indochine
멀라이언 파크
Merlion Park
플러튼 호텔
The Fullerton Hotel
팜 비치 시푸드
Palm Beach Seafood
댈러스 레스토랑 & 바
Dallas Restaurant & Bar
원 플러튼
One Fullerton
Maybank Towers
제이드
Jade
오버 이지
Over Easy
North Canal Road
본햄 스트리트 Bonham Street
더 코트야드
The Courtyard
Bank of China
UOB Building
배터리 로드 Battery Road
스타벅스
Starbucks
N

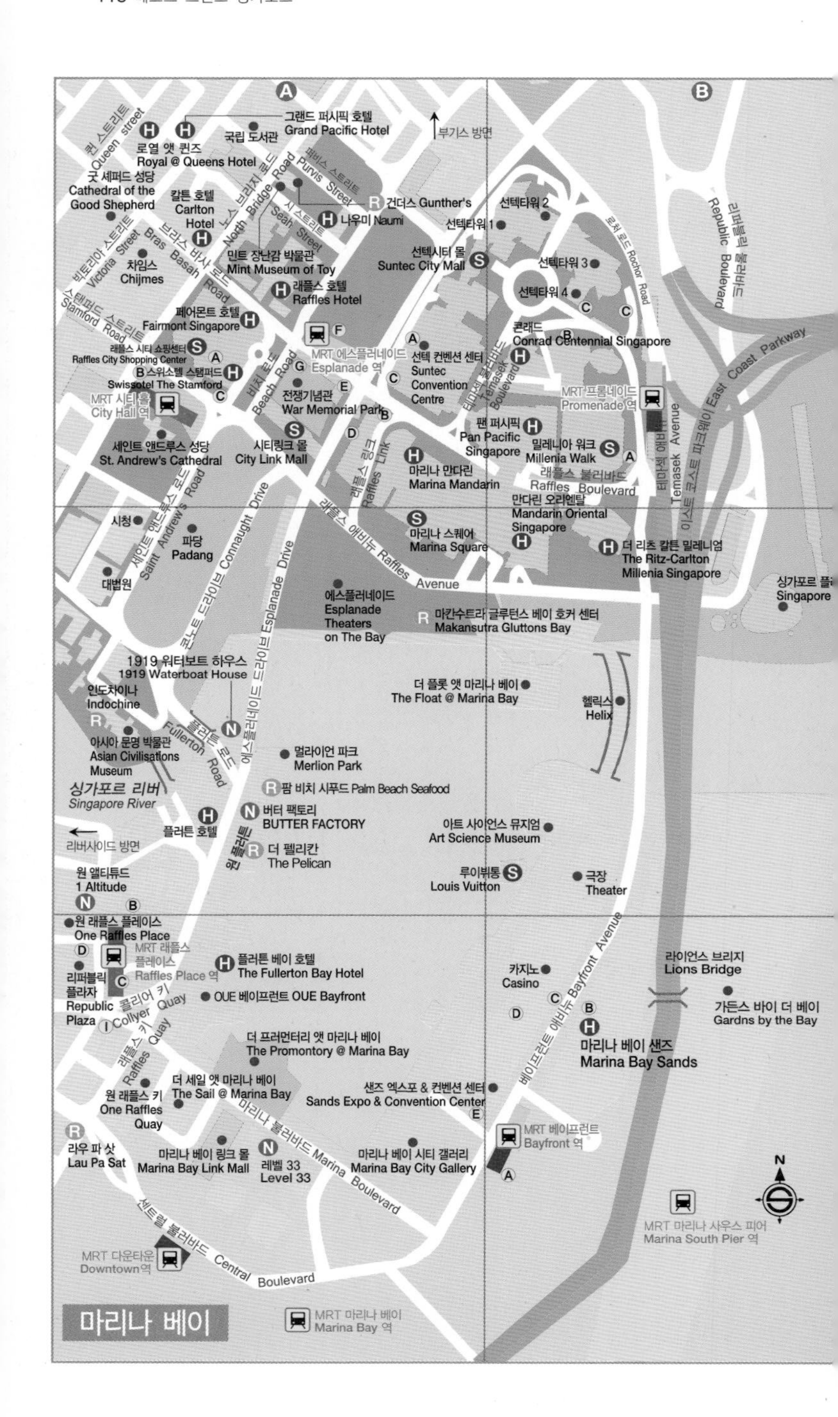

그랜드 퍼시픽 호텔 Grand Pacific Hotel
부기스 방면
국립 도서관
로열 앳 퀸즈 Royal @ Queens Hotel
퀸 스트리트 Queen street
굿 셰퍼드 성당 Cathedral of the Good Shepherd
칼튼 호텔 Carlton Hotel
퍼비스 스트리트 Purvis Street
건더스 Gunther's
시 스트리트 Seah Street
나우미 Naumi
노스 브리지 로드 North Bridge Road
브라스 바사 로드 Bras Basah Road
빅토리아 스트리트 Victoria Street
차임스 Chijmes
민트 장난감 박물관 Mint Museum of Toy
래플스 호텔 Raffles Hotel
스탬퍼드 스트리트 Stamford Road
페어몬트 호텔 Fairmont Singapore
래플스 시티 쇼핑센터 Raffles City Shopping Center
스위소텔 스탬퍼드 Swissotel The Stamford
MRT 시티 홀 City Hall 역
MRT 에스플러네이드 Esplanade 역
비치 로드 Beach Road
전쟁기념관 War Memorial Park
세인트 앤드루스 성당 St. Andrew's Cathedral
시티링크 몰 City Link Mall
선텍타워 1
선텍타워 2
선텍타워 3
선텍타워 4
선텍시티 몰 Suntec City Mall
선텍 컨벤션 센터 Suntec Convention Centre
로처 로드 Rochor Road
리퍼블릭 불러바드 Republic Boulevard
콘래드 Conrad Centennial Singapore
테마섹 불러바드 Temasek Boulevard
MRT 프롬네이드 Promenade 역
이스트 코스트 파크웨이 East Coast Parkway
팬 퍼시픽 Pan Pacific Singapore
밀레니아 워크 Millenia Walk
래플스 불러바드 Raffles Boulevard
래플스 링크 Raffles Link
마리나 만다린 Marina Mandarin
테마섹 애비뉴 Temasek Avenue
만다린 오리엔탈 Mandarin Oriental Singapore
시청
세인트 앤드루스 로드 Saint Andrew's Road
파당 Padang
대법원
코넛 드라이브 Connaught Drive
에스플러네이드 드라이브 Esplanade Drive
래플스 애비뉴 Raffles Avenue
마리나 스퀘어 Marina Square
더 리츠 칼튼 밀레니엄 The Ritz-Carlton Millenia Singapore
싱가포르 플 Singapore
에스플러네이드 Esplanade Theaters on The Bay
마칸수트라 글루턴스 베이 호커 센터 Makansutra Gluttons Bay
1919 워터보트 하우스 1919 Waterboat House
더 플롯 앳 마리나 베이 The Float @ Marina Bay
헬릭스 Helix
인도차이나 Indochine
아시아 문명 박물관 Asian Civilisations Museum
풀러튼 로드 Fullerton Road
멀라이언 파크 Merlion Park
싱가포르 리버 Singapore River
팜 비치 시푸드 Palm Beach Seafood
버터 팩토리 BUTTER FACTORY
플러튼 호텔
아트 사이언스 뮤지엄 Art Science Museum
리버사이드 방면
더 펠리칸 The Pelican
원 앨티튜드 1 Altitude
루이뷔통 Louis Vuitton
극장 Theater
원 래플스 플레이스 One Raffles Place
MRT 래플스 플레이스 Raffles Place 역
플러튼 베이 호텔 The Fullerton Bay Hotel
리퍼블릭 플라자 Republic Plaza
콜리어 키 Collyer Quay
OUE 베이프런트 OUE Bayfront
카지노 Casino
베이프런트 애비뉴 Bayfront Avenue
라이언스 브리지 Lions Bridge
가든스 바이 더 베이 Gardns by the Bay
마리나 베이 샌즈 Marina Bay Sands
더 프러먼터리 앳 마리나 베이 The Promontory @ Marina Bay
래플스 키 Raffles Quay
더 세일 앳 마리나 베이 The Sail @ Marina Bay
원 래플스 키 One Raffles Quay
샌즈 엑스포 & 컨벤션 센터 Sands Expo & Convention Center
마리나 불러바드 Marina Boulevard
MRT 베이프런트 Bayfront 역
라우 파 삿 Lau Pa Sat
마리나 베이 링크 몰 Marina Bay Link Mall
레벨 33 Level 33
마리나 베이 시티 갤러리 Marina Bay City Gallery
MRT 마리나 사우스 피어 Marina South Pier 역
MRT 다운타운 Downtown 역
센트럴 불러바드 Central Boulevard
마리나 베이
MRT 마리나 베이 Marina Bay 역

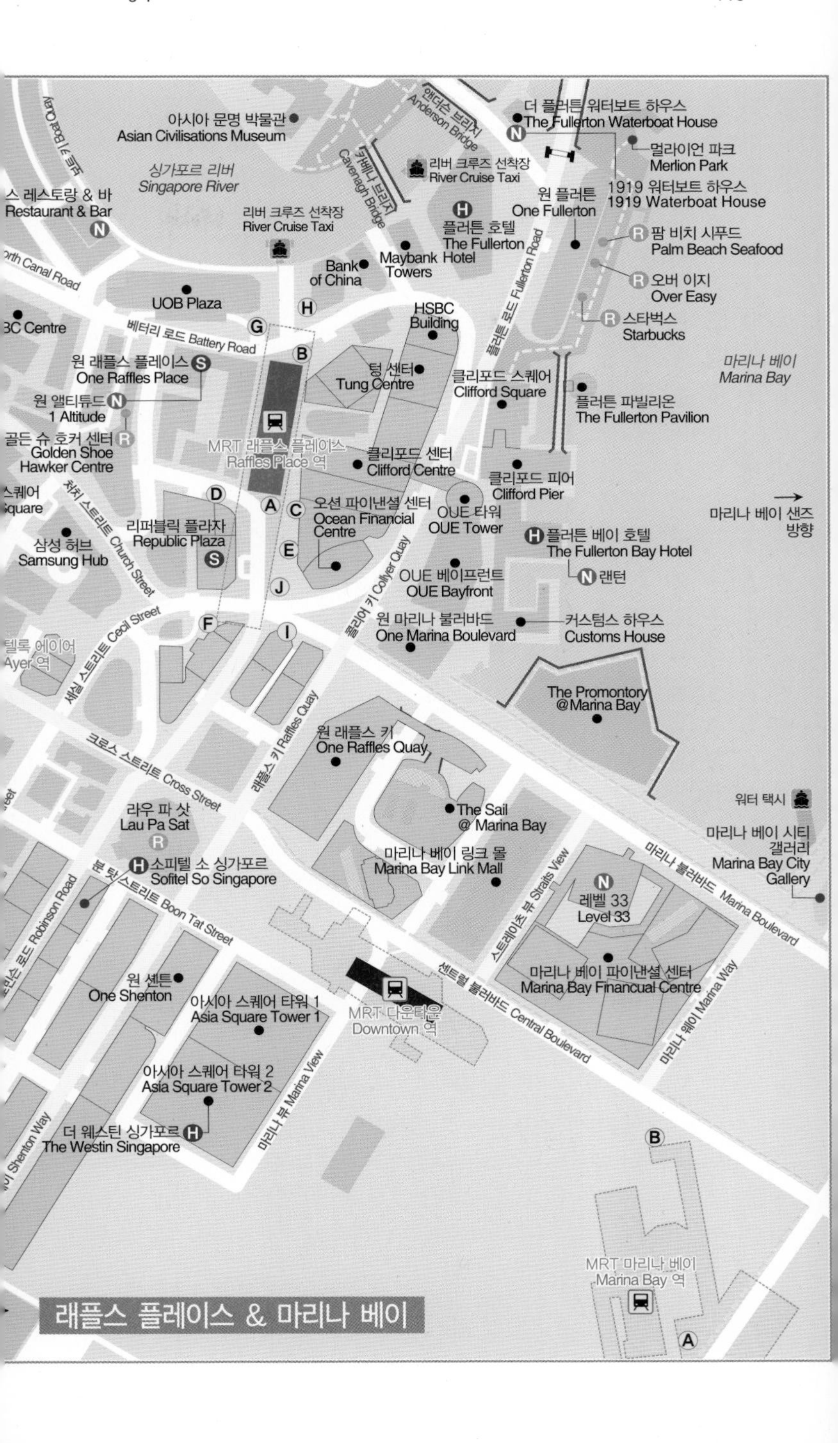

래플스 플레이스 & 마리나 베이
아시아 문명 박물관
Asian Civilisations Museum
싱가포르 리버
Singapore River
리버 크루즈 선착장
River Cruise Taxi
앤더슨 브리지
Anderson Bridge
카베나 브리지
Cavenagh Bridge
더 플러튼 워터보트 하우스
The Fullerton Waterboat House
멀라이언 파크
Merlion Park
1919 워터보트 하우스
1919 Waterboat House
원 플러튼
One Fullerton
플러튼 호텔
The Fullerton Hotel
팜 비치 시푸드
Palm Beach Seafood
오버 이지
Over Easy
스타벅스
Starbucks
Maybank Towers
Bank of China
UOB Plaza
HSBC Building
베터리 로드 Battery Road
원 래플스 플레이스
One Raffles Place
원 앨티튜드
1 Altitude
골든 슈 호커 센터
Golden Shoe Hawker Centre
텅 센터
Tung Centre
클리포드 스퀘어
Clifford Square
마리나 베이
Marina Bay
플러튼 파빌리온
The Fullerton Pavilion
MRT 래플스 플레이스
Raffles Place 역
클리포드 센터
Clifford Centre
클리포드 피어
Clifford Pier
오션 파이낸셜 센터
Ocean Financial Centre
OUE 타워
OUE Tower
마리나 베이 샌즈 방향
플러튼 베이 호텔
The Fullerton Bay Hotel
랜턴
리퍼블릭 플라자
Republic Plaza
삼성 허브
Samsung Hub
처치 스트리트 Church Street
OUE 베이프런트
OUE Bayfront
원 마리나 불러바드
One Marina Boulevard
커스텀스 하우스
Customs House
세실 스트리트 Cecil Street
클리어 키 Collyer Quay
플러튼 로드 Fullerton Road
The Promontory @Marina Bay
원 래플스 키
One Raffles Quay
래플스 키 Raffles Quay
크로스 스트리트 Cross Street
라우 파 삿
Lau Pa Sat
The Sail @ Marina Bay
워터 택시
마리나 베이 시티 갤러리
Marina Bay City Gallery
마리나 불러바드 Marina Boulevard
마리나 베이 링크 몰
Marina Bay Link Mall
소피텔 소 싱가포르
Sofitel So Singapore
분 탯 스트리트 Boon Tat Street
로빈슨 로드 Robinson Road
스트레이츠 뷰 Straits View
레벨 33
Level 33
마리나 베이 파이낸셜 센터
Marina Bay Financial Centre
마리나 웨이 Marina Way
원 센톤
One Shenton
아시아 스퀘어 타워 1
Asia Square Tower 1
MRT 다운타운
Downtown 역
센트럴 불러바드 Central Boulevard
아시아 스퀘어 타워 2
Asia Square Tower 2
더 웨스틴 싱가포르
The Westin Singapore
마리나 뷰 Marina View
Shenton Way
MRT 마리나 베이
Marina Bay 역

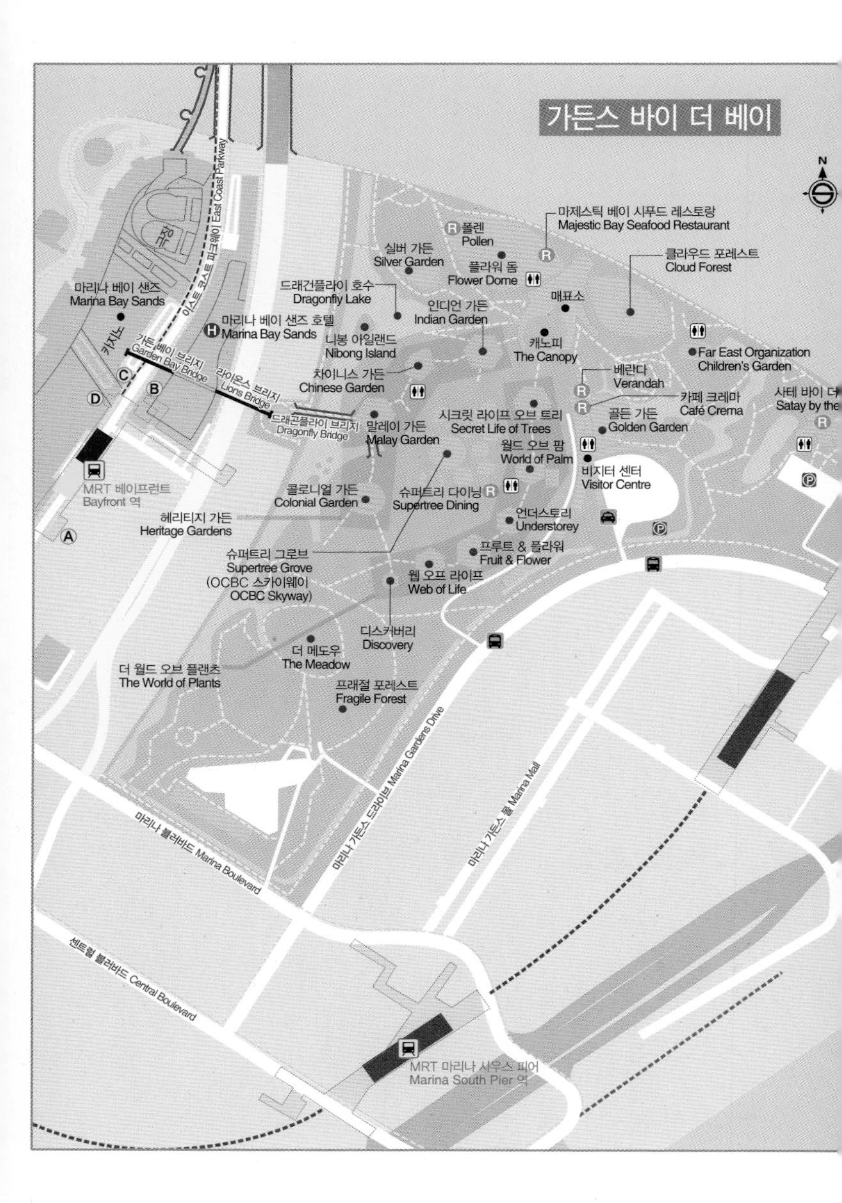

가든스 바이 더 베이
N
마제스틱 베이 시푸드 레스토랑
Majestic Bay Seafood Restaurant
폴렌
Pollen
클라우드 포레스트
Cloud Forest
실버 가든
Silver Garden
플라워 돔
Flower Dome
드래건플라이 호수
Dragonfly Lake
매표소
마리나 베이 샌즈
Marina Bay Sands
인디언 가든
Indian Garden
마리나 베이 샌즈 호텔
Marina Bay Sands
니봉 아일랜드
Nibong Island
캐노피
The Canopy
Far East Organization
Children's Garden
카지노
가든 베이 브리지
Garden Bay Bridge
라이온스 브리지
Lions Bridge
차이니스 가든
Chinese Garden
베란다
Verandah
카페 크레마
Café Crema
사테 바이 더
Satay by the
드래곤플라이 브리지
Dragonfly Bridge
시크릿 라이프 오브 트리
Secret Life of Trees
골든 가든
Golden Garden
말레이 가든
Malay Garden
월드 오브 팜
World of Palm
MRT 베이프런트
Bayfront 역
비지터 센터
Visitor Centre
콜로니얼 가든
Colonial Garden
슈퍼트리 다이닝
Supertree Dining
헤리티지 가든
Heritage Gardens
언더스토리
Understorey
슈퍼트리 그로브
Supertree Grove
(OCBC 스카이웨이)
OCBC Skyway)
프루트 & 플라워
Fruit & Flower
웹 오프 라이프
Web of Life
디스커버리
Discovery
더 메도우
The Meadow
더 월드 오브 플랜츠
The World of Plants
프래절 포레스트
Fragile Forest
이스트 코스트 파크웨이 East Coast Parkway
마리나 가든스 드라이브 Marina Gardens Drive
마리나 가든스 몰 Marina Mall
마리나 블러바드 Marina Boulevard
센트럴 블러바드 Central Boulevard
MRT 마리나 사우스 피어
Marina South Pier 역

포트 캐닝 파크
Fort Canning Park
리버 밸리 로드 River Valley Road
리앙 코트
Liang Court
노보텔
Novotel
매드 포 갈릭
Mad for Garlic
Block B
Block C
Block E
Block A
Block D
더 추피토스 바
The Chupitos Bar
스테이크 하우스
The Steak House
티씨씨
TCC The Coffee Connoisseur
리버 크루즈 선착장
River Cruise Taxi
중앙 분수대
르 노어
Le Noir
하이랜더
Highlander
바양
Bayang
옥타파스
Octapas
후터스
Hooters
리버 크루즈 선착장 매표소
지 맥스 리버스 번지
G Max Reverse Bungy
미카 빌딩
MIKA Building
하이 스트리트 센터
High Street Centre
싱가포르 리버
Singapore River
아티카
Attica
토모 이자카야
Tomo Izakaya
카페 이구아나
Cafe Iguana
키사이드 시푸드
Quayside Seafood
점보 시푸드(리버워크 점)
Jumbo Seafood
리버 워크
River Walk
리버사이드 포인트
Riverside Point
점보 시푸드
Jumbo Seafood
센트럴
Central
어퍼 서큘러 로드 Upper Circular Road
송파 바쿠테
Song Fa Bak Kut Teh
스위소텔 머천 코트
Swissotel Merchant Court
머천트 로드 Merchant Road
MRT 클락 키
Clarke Quay 역
카펜터 스트리트 Carpenter Street
파크 레지스 호텔
Park Regis Hotel
제이린 1918 호텔
Jayleen 1918 Hotel
홍콩 스트리트 Hong Kong Street
사우스 브리지 로드 South Bridge Road
New Market Road
해블록 로드 Havelock Road
노스 캐널 로드 North Canal Road
로롱 텔록 Lorong Telok
뉴 마켓 로드
홍 림 공원
Hong Lim Park
푸라마 시티 센터
Furama City Centre
파크로열 온 피커링
PARKROYAL on Pickering
어퍼 피커링 스트리트 Upper Pickering Street
차이나타운 방향

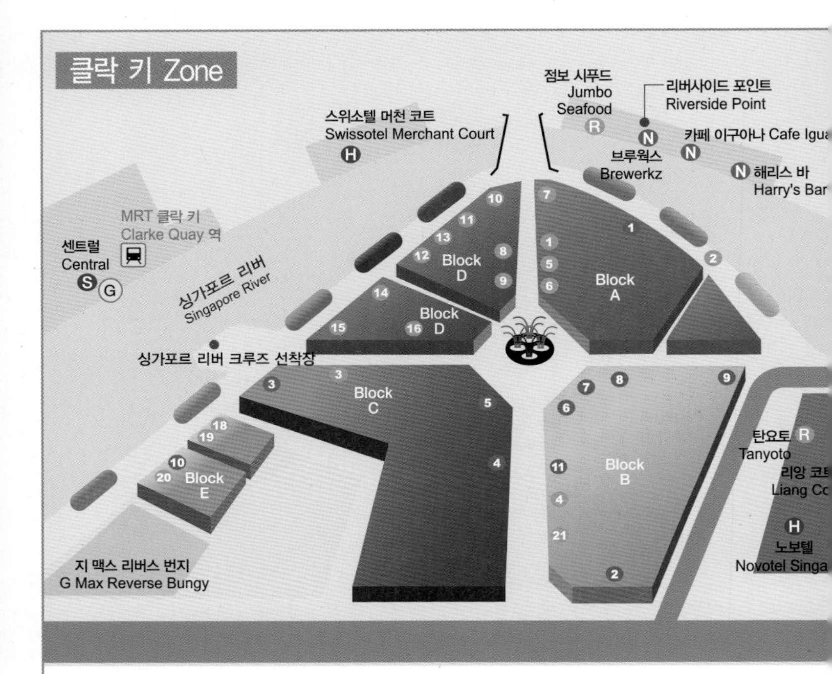

레스토랑

1. 바양 Bayang
2. 키사이드 시푸드 레스토랑 Quayside Seafood Restaurant
3. 쿠로 Kuro
4. 스테이크 하우스 The Steak House
5. 시라즈 Shiraz
6. 세노르 타코 Senor Taco
7. 토모 이자카야 Tomo Izakaya
8. 버브 피자 바 Verve Pizza Bar
9. 디스트릭트 10 District 10
10. 옥토퍼스 Octapas
11. 핫 스톤 Hot Stone
12. 렌 타이 Renn Thai
13. 통 캉 Tong Kang
14. 무초스 Muchos
15. 후터스 Hooters
16. 알레그로 추러스 바 Alegro Churros Bar
17. 산수이 Sansui
18. 티씨씨 tcc - The Connoisseur Concerto
19. 리틀 사이공 Little Saigon
20. 프리맨틀 시푸드 마켓 Fremantle Seafood Market
21. 매드 포 갈릭 Mad for Garlic

나이트라이프

1. 아티카 Attica + Attica Too
2. 비어 마켓 Beer Market
3. 르 노어 Le Noir
4. 드림 Dream
5. 아쿠아노바 Aquanova
6. 하이랜더 Highlander
7. 펌프 룸 The Pump Room
8. f. Club
9. 더 추피토스 바 The Chupitos Bar
10. 크레이지 엘리펀트 Crazy Elephant
11. 쿠바 리브레 Cuba Libre

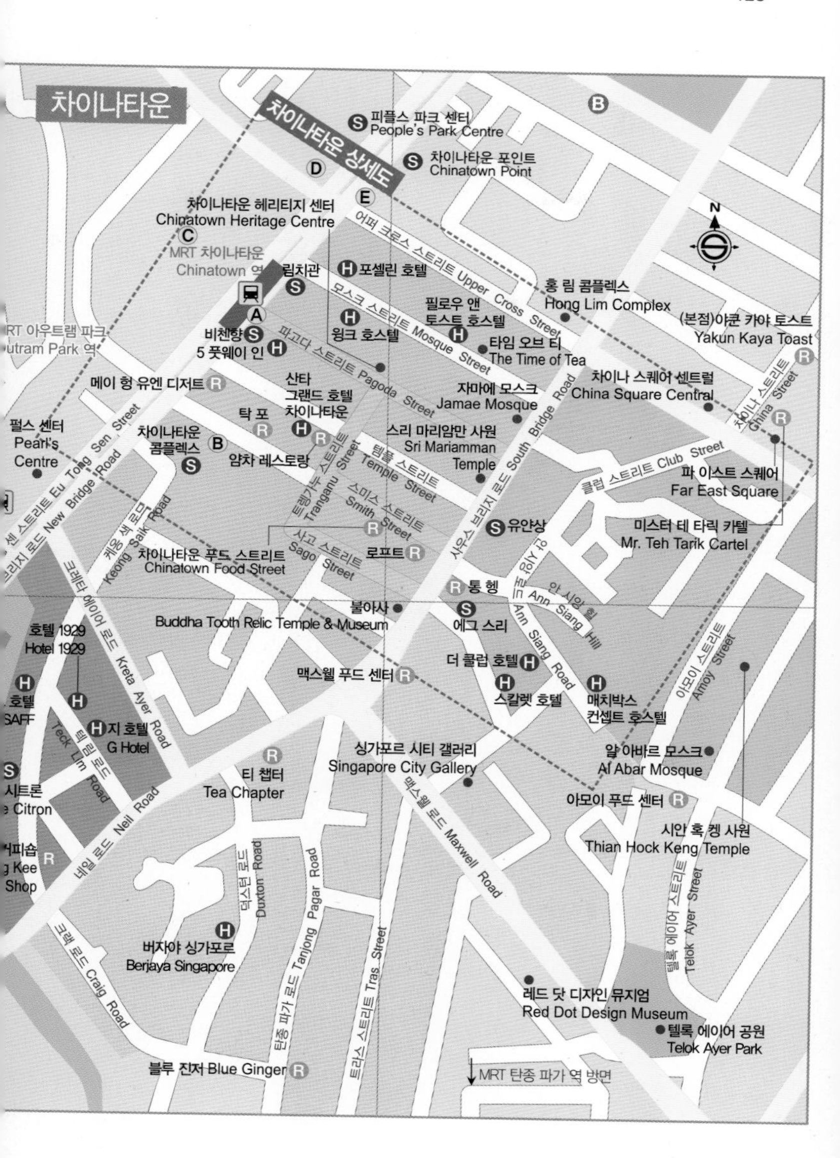
차이나타운
차이나타운 상세도
피플스 파크 센터
People's Park Centre
차이나타운 포인트
Chinatown Point
차이나타운 헤리티지 센터
Chinatown Heritage Centre
MRT 차이나타운
Chinatown 역
림치관
포셀린 호텔
어퍼 크로스 스트리트 Upper Cross Street
모스크 스트리트 Mosque Street
윙크 호스텔
비첸향
5 풋웨이 인
파고다 스트리트 Pagoda Street
홍 림 콤플렉스
Hong Lim Complex
필로우 앤 토스트 호스텔
타임 오브 티
The Time of Tea
(본점)야쿤 카야 토스트
Yakun Kaya Toast
RT 아우트램 파크
utram Park 역
메이 헝 유엔 디저트
산타 그랜드 호텔 차이나타운
탁 포
자마에 모스크
Jamae Mosque
차이나 스퀘어 센트럴
China Square Central
차이나 스트리트 China Street
펄스 센터
Pearl's Centre
차이나타운 콤플렉스
얌차 레스토랑
스리 마리암만 사원
Sri Mariamman Temple
템플 스트리트 Temple Street
사우스 브리지 로드 South Bridge Road
클럽 스트리트 Club Street
파 이스트 스퀘어
Far East Square
유 통 센 스트리트 Eu Tong Sen Street
뉴 브리지 로드 New Bridge Road
트렝가누 스트리트 Trangganu Street
스미스 스트리트 Smith Street
유얀상
케옹 색 로드 Keong Saik Road
차이나타운 푸드 스트리트
Chinatown Food Street
사고 스트리트 Sago Street
로프트
미스터 테 타릭 카텔
Mr. Teh Tarik Cartel
크레타 에이어 로드 Kreta Ayer Road
통 헹
안 시앙 힐 Ann Siang Hill
불아사
Buddha Tooth Relic Temple & Museum
에그 스리
호텔 1929
Hotel 1929
더 클럽 호텔
앤 시앙 로드 Ann Siang Road
맥스웰 푸드 센터
스칼렛 호텔
매치박스 컨셉트 호스텔
아모이 스트리트 Amoy Street
호텔
SAFF
지 호텔
G Hotel
텍 림 로드 Teck Lim Road
싱가포르 시티 갤러리
Singapore City Gallery
알 아바르 모스크
Al Abar Mosque
티 챕터
Tea Chapter
시트론
Citron
네일 로드 Neil Road
아모이 푸드 센터
시안 혹 켕 사원
Thian Hock Keng Temple
맥스웰 로드 Maxwell Road
덕스턴 로드 Duxton Road
탄종 파가 로드 Tanjong Pagar Road
Kee
Shop
텔록 에이어 스트리트 Telok Ayer Street
크레이그 로드 Craig Road
버자야 싱가포르
Berjaya Singapore
트라스 스트리트 Tras Street
레드 닷 디자인 뮤지엄
Red Dot Design Museum
텔록 에이어 공원
Telok Ayer Park
블루 진저 Blue Ginger
MRT 탄종 파가 역 방면

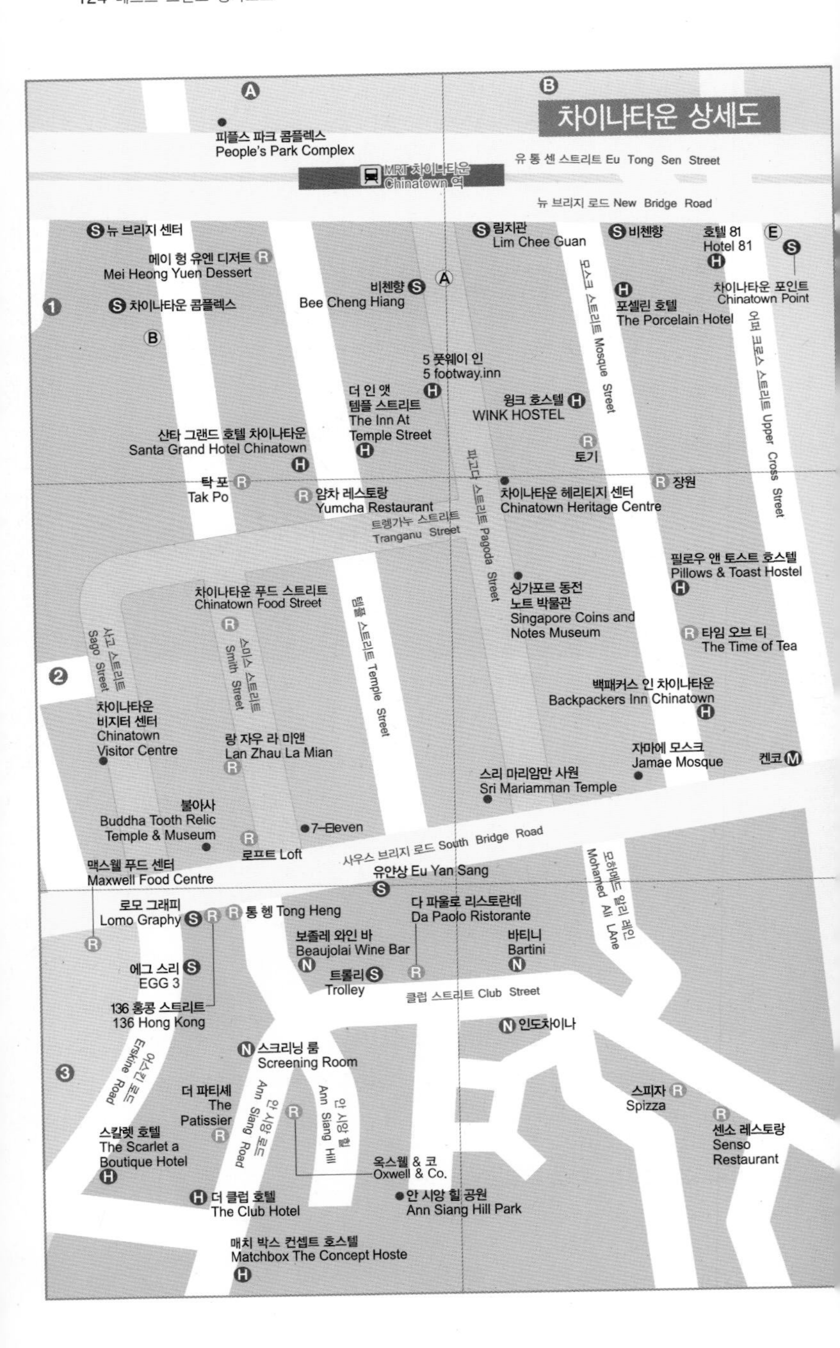
차이나타운 상세도
피플스 파크 콤플렉스
People's Park Complex
MRT 차이나타운
Chinatown 역
유 통 센 스트리트 Eu Tong Sen Street
뉴 브리지 로드 New Bridge Road
뉴 브리지 센터
메이 헝 유엔 디저트
Mei Heong Yuen Dessert
차이나타운 콤플렉스
비첸향
Bee Cheng Hiang
림치관
Lim Chee Guan
비첸향
호텔 81
Hotel 81
차이나타운 포인트
Chinatown Point
포셀린 호텔
The Porcelain Hotel
모스크 스트리트 Mosque Street
어퍼 크로스 스트리트 Upper Cross Street
5 풋웨이 인
5 footway.inn
더 인 앳
템플 스트리트
The Inn At
Temple Street
윙크 호스텔
WINK HOSTEL
산타 그랜드 호텔 차이나타운
Santa Grand Hotel Chinatown
토기
탁 포
Tak Po
얌차 레스토랑
Yumcha Restaurant
파고다 스트리트 Pagoda Street
차이나타운 헤리티지 센터
Chinatown Heritage Centre
장원
트렝가누 스트리트
Tranganu Street
필로우 앤 토스트 호스텔
Pillows & Toast Hostel
차이나타운 푸드 스트리트
Chinatown Food Street
템플 스트리트 Temple Street
싱가포르 동전
노트 박물관
Singapore Coins and
Notes Museum
타임 오브 티
The Time of Tea
사고 스트리트
Sago Street
스미스 스트리트
Smith Street
백패커스 인 차이나타운
Backpackers Inn Chinatown
차이나타운
비지터 센터
Chinatown
Visitor Centre
랑 자우 라 미앤
Lan Zhau La Mian
자마에 모스크
Jamae Mosque
켄코
스리 마리암만 사원
Sri Mariamman Temple
불아사
Buddha Tooth Relic
Temple & Museum
7-Eleven
로프트 Loft
사우스 브리지 로드 South Bridge Road
모하메드 알리 레인
Mohamed Ali LAne
맥스웰 푸드 센터
Maxwell Food Centre
유안상 Eu Yan Sang
로모 그래피
Lomo Graphy
통 헹 Tong Heng
다 파울로 리스토란데
Da Paolo Ristorante
보졸레 와인 바
Beaujolai Wine Bar
바티니
Bartini
에그 스리
EGG 3
트롤리
Trolley
클럽 스트리트 Club Street
136 홍콩 스트리트
136 Hong Kong
인도차이나
스크리닝 룸
Screening Room
어스킨 로드
Erskine Road
더 파티셰
The
Patissier
안 시앙 로드
Ann Siang Road
안 시앙 힐
Ann Siang Hill
스피자
Spizza
센소 레스토랑
Senso
Restaurant
스칼렛 호텔
The Scarlet a
Boutique Hotel
옥스웰 & 코
Oxwell & Co.
더 클럽 호텔
The Club Hotel
안 시앙 힐 공원
Ann Siang Hill Park
매치 박스 컨셉트 호스텔
Matchbox The Concept Hoste

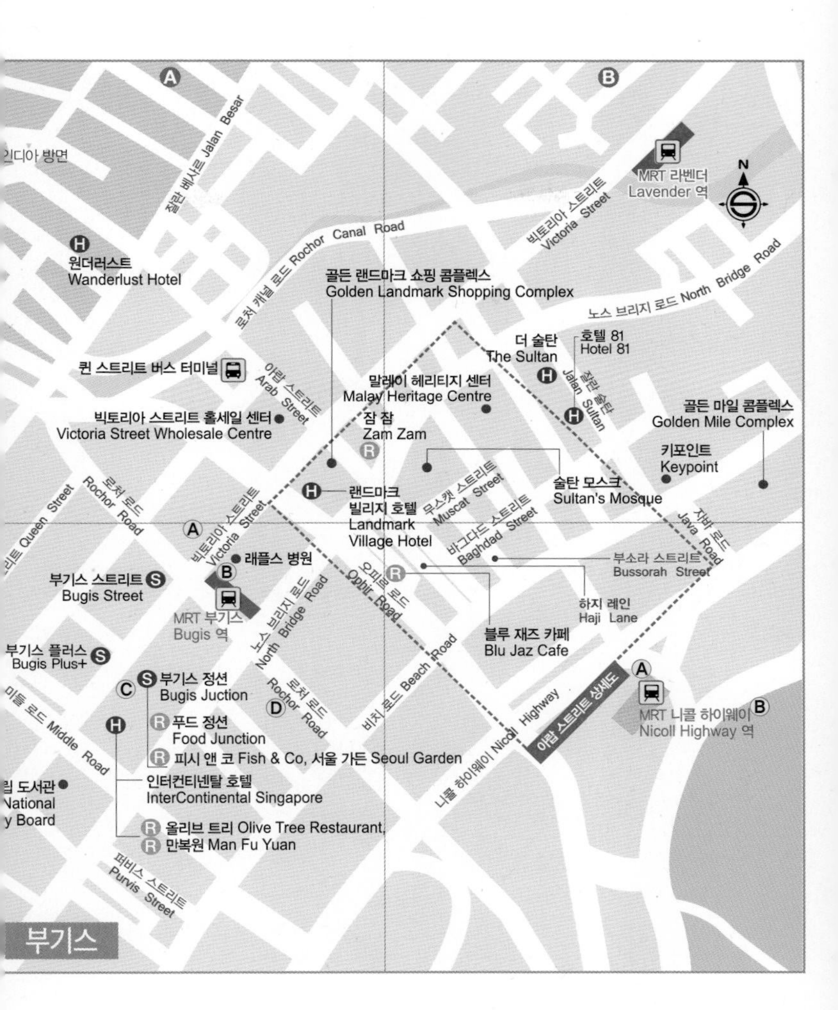
부기스
인디아 방면
잘란 베사르 Jalan Besar
원더러스트 Wanderlust Hotel
로처 캐널 로드 Rochor Canal Road
빅토리아 스트리트 Victoria Street
MRT 라벤더 Lavender 역
골든 랜드마크 쇼핑 콤플렉스 Golden Landmark Shopping Complex
노스 브리지 로드 North Bridge Road
더 술탄 The Sultan
호텔 81 Hotel 81
퀸 스트리트 버스 터미널
아랍 스트리트 Arab Street
말레이 헤리티지 센터 Malay Heritage Centre
잘란 술탄 Jalan Sultan
골든 마일 콤플렉스 Golden Mile Complex
빅토리아 스트리트 홀세일 센터 Victoria Street Wholesale Centre
잠 잠 Zam Zam
키포인트 Keypoint
술탄 모스크 Sultan's Mosque
랜드마크 빌리지 호텔 Landmark Village Hotel
무스캣 스트리트 Muscat Street
바그다드 스트리트 Baghdad Street
로처 로드 Rochor Road
Queen Street
자바 로드 Java Road
래플스 병원
부소라 스트리트 Bussorah Street
부기스 스트리트 Bugis Street
MRT 부기스 Bugis 역
오피르 로드 Ophir Road
하지 레인 Haji Lane
블루 재즈 카페 Blu Jaz Cafe
부기스 플러스 Bugis Plus+
부기스 정션 Bugis Juction
비치 로드 Beach Road
니콜 하이웨이 Nicoll Highway
아랍 스트리트 상세도
MRT 니콜 하이웨이 Nicoll Highway 역
미들 로드 Middle Road
푸드 정션 Food Junction
피시 앤 코 Fish & Co, 서울 가든 Seoul Garden
인터컨티넨탈 호텔 InterContinental Singapore
National
y Board
올리브 트리 Olive Tree Restaurant,
만복원 Man Fu Yuan
퍼비스 스트리트 Purvis Street

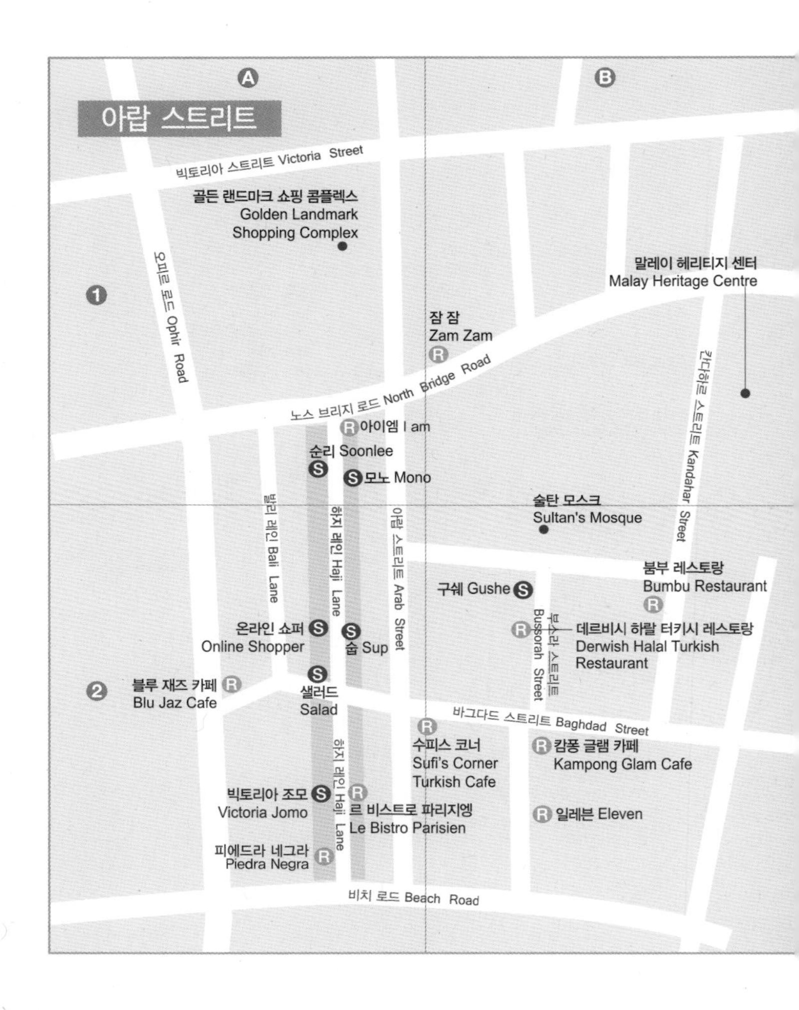

A
B
1
2
아랍 스트리트
빅토리아 스트리트 Victoria Street
골든 랜드마크 쇼핑 콤플렉스
Golden Landmark Shopping Complex
오피르 로드 Ophir Road
말레이 헤리티지 센터
Malay Heritage Centre
잠 잠
Zam Zam
노스 브리지 로드 North Bridge Road
칸다하르 스트리트 Kandahar Street
아이엠 I am
순리 Soonlee
모노 Mono
발리 레인 Bali Lane
하지 레인 Haji Lane
아랍 스트리트 Arab Street
술탄 모스크
Sultan's Mosque
붐부 레스토랑
Bumbu Restaurant
구쉐 Gushe
부소라 스트리트 Bussorah Street
데르비시 하랄 터키시 레스토랑
Derwish Halal Turkish Restaurant
온라인 쇼퍼
Online Shopper
숍 Sup
블루 재즈 카페
Blu Jaz Cafe
샐러드
Salad
바그다드 스트리트 Baghdad Street
수피스 코너
Sufi's Corner Turkish Cafe
캄퐁 글램 카페
Kampong Glam Cafe
빅토리아 조모
Victoria Jomo
르 비스트로 파리지엥
Le Bistro Parisien
일레븐 Eleven
피에드라 네그라
Piedra Negra
비치 로드 Beach Road

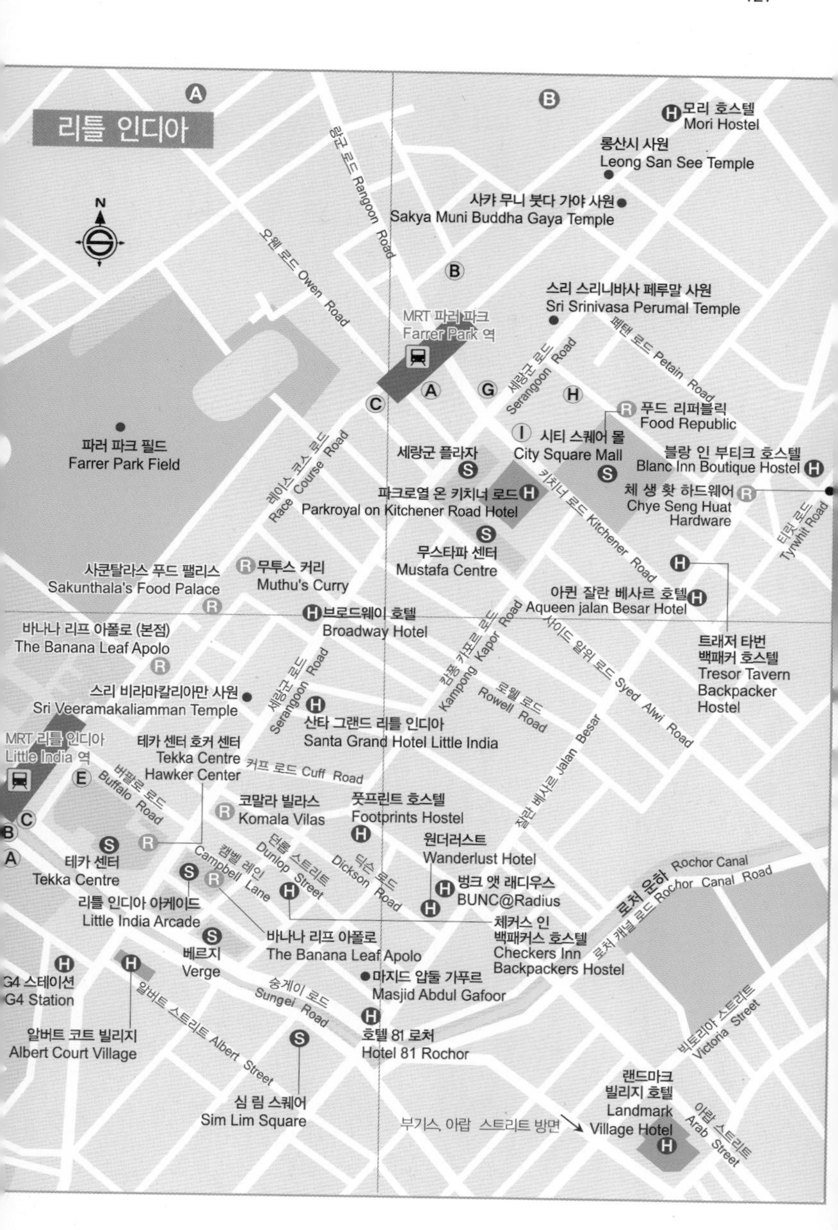
리틀 인디아
모리 호스텔
Mori Hostel
롱산시 사원
Leong San See Temple
사캬 무니 붓다 가야 사원
Sakya Muni Buddha Gaya Temple
랑군 로드 Rangoon Road
오웬 로드 Owen Road
스리 스리니바사 페루말 사원
Sri Srinivasa Perumal Temple
MRT 파러 파크
Farrer Park 역
페탄 로드 Petain Road
세랑군 로드 Serangoon Road
푸드 리퍼블릭
Food Republic
시티 스퀘어 몰
City Square Mall
파러 파크 필드
Farrer Park Field
세랑군 플라자
블랑 인 부티크 호스텔
Blanc Inn Boutique Hostel
레이스 코스 로드 Race Course Road
파크로열 온 키치너 로드
Parkroyal on Kitchener Road Hotel
키치너 로드 Kitchener Road
체 생 홧 하드웨어
Chye Seng Huat Hardware
티릿 로드 Tyrwhit Road
무스타파 센터
Mustafa Centre
사쿤탈라스 푸드 팰리스
Sakunthala's Food Palace
무투스 커리
Muthu's Curry
아퀸 잘란 베사르 호텔
Aqueen jalan Besar Hotel
브로드웨이 호텔
Broadway Hotel
바나나 리프 아폴로 (본점)
The Banana Leaf Apolo
캄퐁 카포르 로드 Kampong Kapor Road
사이드 알위 로드 Syed Alwi Road
트래저 타번 백패커 호스텔
Tresor Tavern Backpacker Hostel
스리 비라마칼리아만 사원
Sri Veeramakaliamman Temple
세랑군 로드 Serangoon Road
로웰 로드 Rowell Road
산타 그랜드 리틀 인디아
Santa Grand Hotel Little India
MRT 리틀 인디아
Little India 역
테카 센터 호커 센터
Tekka Centre Hawker Center
커프 로드 Cuff Road
잘란 베사르 Jalan Besar
버팔로 로드 Buffalo Road
코말라 빌라스
Komala Vilas
풋프린트 호스텔
Footprints Hostel
원더러스트
Wanderlust Hotel
테카 센터
Tekka Centre
캠벨 레인 Campbell Lane
던롭 스트리트 Dunlop Street
딕슨 로드 Dickson Road
벙크 앳 래디우스
BUNC@Radius
로처 운하 Rochor Canal
로처 캐널 로드 Rochor Canal Road
리틀 인디아 아케이드
Little India Arcade
체커스 인 백패커스 호스텔
Checkers Inn Backpackers Hostel
바나나 리프 아폴로
The Banana Leaf Apolo
베르지
Verge
마지드 압둘 가푸르
Masjid Abdul Gafoor
G4 스테이션
G4 Station
숭게이 로드 Sungei Road
알버트 스트리트 Albert Street
호텔 81 로처
Hotel 81 Rochor
빅토리아 스트리트 Victoria Street
알버트 코트 빌리지
Albert Court Village
랜드마크 빌리지 호텔
Landmark Village Hotel
심 림 스퀘어
Sim Lim Square
부기스, 아랍 스트리트 방면
아랍 스트리트 Arab Street

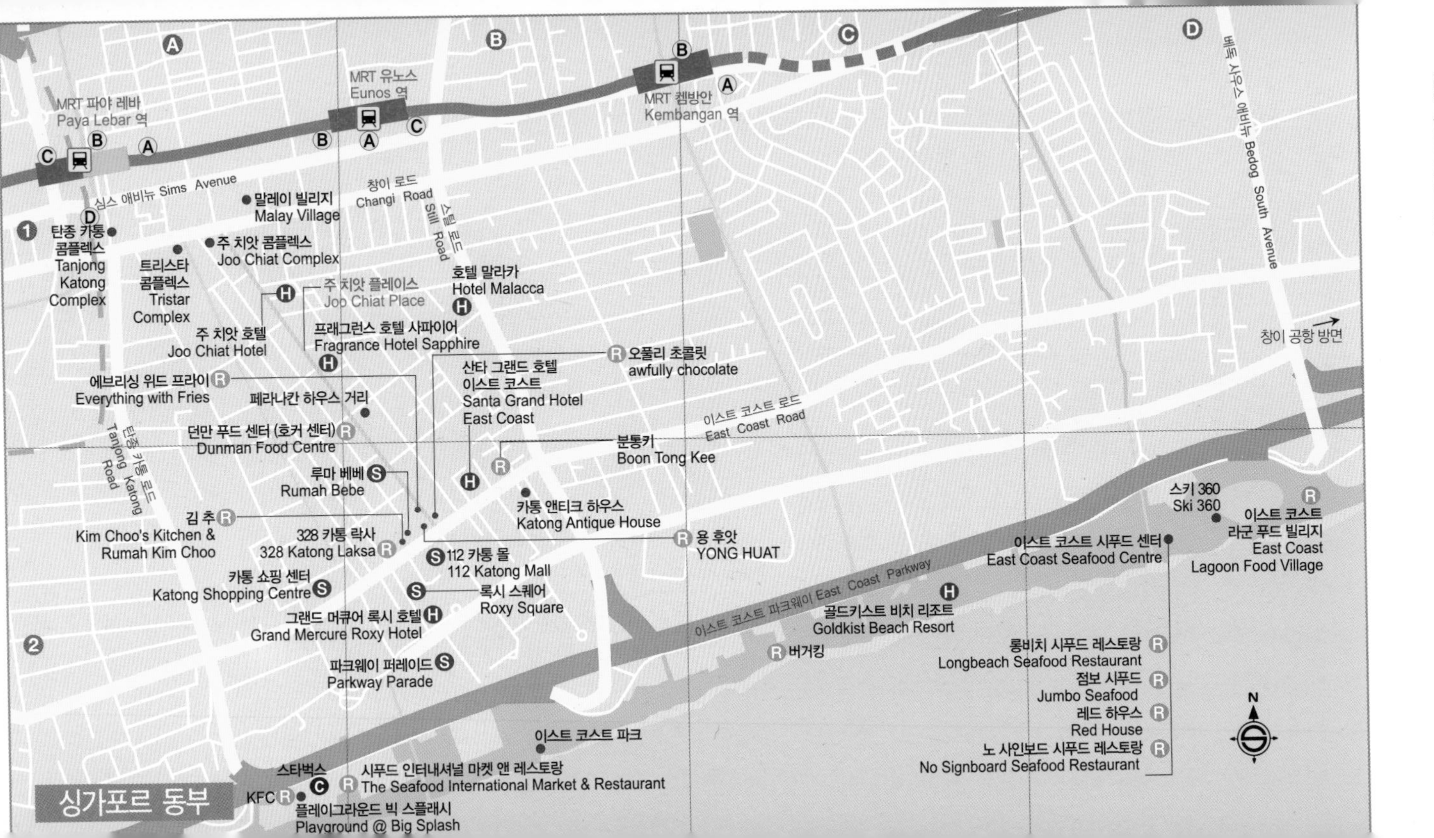
싱가포르 동부
베독 사우스 애비뉴 Bedog South Avenue
창이 공항 방면
MRT 파야 레바 역 Paya Lebar
MRT 유노스 역 Eunos
MRT 켐방안 역 Kembangan
심스 애비뉴 Sims Avenue
창이 로드 Changi Road
스틸 로드 Still Road
이스트 코스트 로드 East Coast Road
탄종 카통 로드 Tanjong Katong Road
이스트 코스트 파크웨이 East Coast Parkway
탄종 카통 콤플렉스 Tanjong Katong Complex
말레이 빌리지 Malay Village
주 치앗 콤플렉스 Joo Chiat Complex
트리스타 콤플렉스 Tristar Complex
주 치앗 플레이스 Joo Chiat Place
주 치앗 호텔 Joo Chiat Hotel
호텔 말라카 Hotel Malacca
프래그런스 호텔 사파이어 Fragrance Hotel Sapphire
오풀리 초콜릿 awfully chocolate
에브리싱 위드 프라이 Everything with Fries
산타 그랜드 호텔 이스트 코스트 Santa Grand Hotel East Coast
페라나칸 하우스 거리
던만 푸드 센터 (호커 센터) Dunman Food Centre
분통키 Boon Tong Kee
루마 베베 Rumah Bebe
카통 앤티크 하우스 Katong Antique House
김 추 Kim Choo's Kitchen & Rumah Kim Choo
328 카통 락사 328 Katong Laksa
용 후앗 YONG HUAT
112 카통 몰 112 Katong Mall
카통 쇼핑 센터 Katong Shopping Centre
록시 스퀘어 Roxy Square
그랜드 머큐어 록시 호텔 Grand Mercure Roxy Hotel
파크웨이 퍼레이드 Parkway Parade
이스트 코스트 파크
스타벅스
시푸드 인터내셔널 마켓 앤 레스토랑 The Seafood International Market & Restaurant
KFC
플레이그라운드 빅 스플래시 Playground @ Big Splash
스키 360 Ski 360
이스트 코스트 라군 푸드 빌리지 East Coast Lagoon Food Village
이스트 코스트 시푸드 센터 East Coast Seafood Centre
골드키스트 비치 리조트 Goldkist Beach Resort
버거킹
롱비치 시푸드 레스토랑 Longbeach Seafood Restaurant
점보 시푸드 Jumbo Seafood
레드 하우스 Red House
노 사인보드 시푸드 레스토랑 No Signboard Seafood Restaurant
N

말레이시아 조호 바루
Malaysia Johor Baharu
우드랜즈 코즈웨이 브리지
Woodlands Causeway Bridge
순게이 불로 습지 보호 지구
Sungei Buloh Wetland Reserve
MRT 마르시링
Marsiling 역
MRT 슴바왕
Sembawang 역
MRT 애드미럴티
Admiralty 역
우드랜즈 타운 가든
Woodlands Town Garden
MRT 우드랜즈
Woodlands 역
크란지 저수지
Kranji Reservoir
싱가포르 터프 클럽
Singapore Turf Club
MRT 크란지
Kranji 역
만다이 로드 Mandai Road
리버 사파리
River Safari
싱가포르 동물원
Singapore Zoological Gardens
MRT 유 티
Yew Tee 역
부킷 티마 익스프레스웨이
Bukit Timah Expressway
어퍼 피어스 저수지
Upper Seletar Reservoir
나이트 사파리
Night Safari
크란지 익스프레스웨이
Kranji Expressway
싱가포르 아일랜드 골프 코스
Singapore Island Golf Course
싱가포르 디스커버리 센터
Singapore Discovery Centre
부킷 바톡 힐사이드 파크
Bukit Batok Hillside Park
어퍼 셀레타 저수지
Upper Seletar Reservoir
MRT 부킷 곰박
Bukit Gombak 역
팬 아일랜드 익스프레스웨이
Pan Island Expressway
부킷 골프 코스
Bukit Golf Course
MRT 아우트램 파크
Outram Park 역
MRT 레이크사이드
Lakeside 역
MRT 분 레이
Boon Lay 역
MRT 부킷 바톡
Bukit Batok 역
MRT 차이니스 가든
Chinese Garden 역
MRT 티옹 바루
Tiong Bahru 역
중국 정원
Chinese Garden
MRT 주롱 이스트
Jurong East 역
MRT 보타닉 가든
Botanic Gardens 역
MRT 파이오니어
Pioneer 역
일본 정원
Japanese Garden
싱가포르 사이언스 센터
Singapore Science Centre
MRT 홀랜드 빌리지
Holland Village 역
o Koon 역
주롱 새 공원
Jurong Birdpark
MRT 도버
Dover 역
MRT 클레멘티
Clementi 역
MRT 파러 로드
Farrer Road 역
보타닉 가든
Botanic Garden
MRT 부오나 비스타
Buona Vista 역
MRT 퀸스타운
Queenstown 역
주롱 섬
rong Island
MRT 레드힐
Redhill 역
MRT 호 파 빌라
Haw Par Villa 역
마운트 패버
Mt. Faber
MRT 파시르 판장
Pasir Panjang 역
MRT 하버 프런트
HarbourFront 역
센토사
Sentosa
싱가포르 서북부

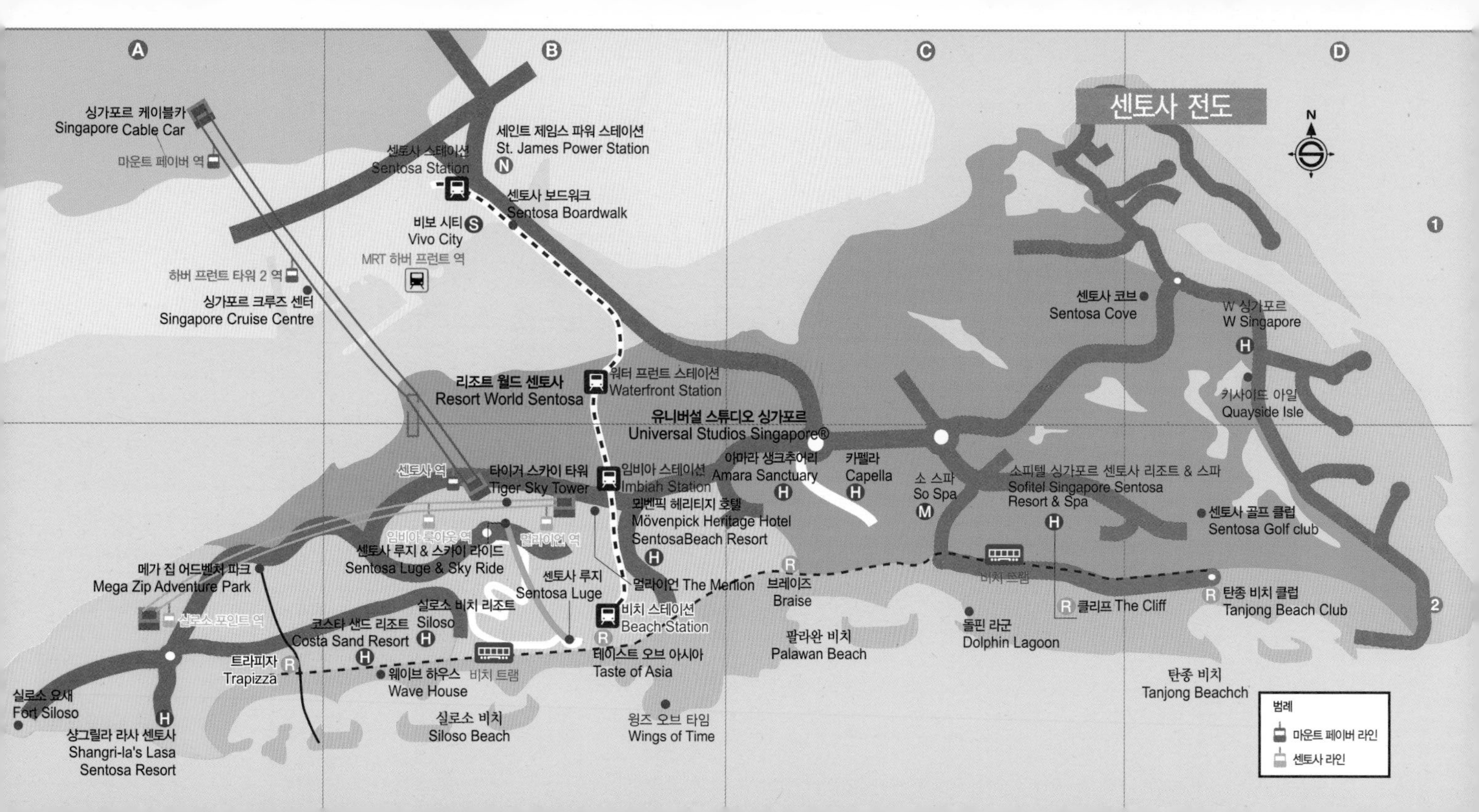
센토사 전도
A
B
C
D
1
2
N
싱가포르 케이블카
Singapore Cable Car
마운트 페이버 역
센토사 스테이션
Sentosa Station
세인트 제임스 파워 스테이션
St. James Power Station
센토사 보드워크
Sentosa Boardwalk
비보 시티
Vivo City
MRT 하버 프런트 역
하버 프런트 타워 2 역
싱가포르 크루즈 센터
Singapore Cruise Centre
리조트 월드 센토사
Resort World Sentosa
워터 프런트 스테이션
Waterfront Station
유니버설 스튜디오 싱가포르
Universal Studios Singapore®
센토사 코브
Sentosa Cove
W 싱가포르
W Singapore
키사이드 아일
Quayside Isle
센토사 역
타이거 스카이 타워
Tiger Sky Tower
임비아 스테이션
Imbiah Station
아마라 생크추어리
Amara Sanctuary
카펠라
Capella
소 스파
So Spa
소피텔 싱가포르 센토사 리조트 & 스파
Sofitel Singapore Sentosa
Resort & Spa
센토사 골프 클럽
Sentosa Golf club
뫼벤픽 헤리티지 호텔
Mövenpick Heritage Hotel
SentosaBeach Resort
임비아 룩아웃 역
멀라이언 역
센토사 루지 & 스카이 라이드
Sentosa Luge & Sky Ride
센토사 루지
Sentosa Luge
멀라이언 The Merlion
브레이즈
Braise
비치 트램
클리프 The Cliff
탄종 비치 클럽
Tanjong Beach Club
메가 집 어드벤처 파크
Mega Zip Adventure Park
실로소 포인트 역
실로소 비치 리조트
Siloso
코스타 샌드 리조트
Costa Sand Resort
비치 스테이션
Beach Station
돌핀 라군
Dolphin Lagoon
트라피자
Trapizza
웨이브 하우스
Wave House
비치 트램
테이스트 오브 아시아
Taste of Asia
팔라완 비치
Palawan Beach
탄종 비치
Tanjong Beachch
실로소 요새
Fort Siloso
샹그릴라 라사 센토사
Shangri-la's Lasa
Sentosa Resort
실로소 비치
Siloso Beach
윙즈 오브 타임
Wings of Time
범례
마운트 페이버 라인
센토사 라인

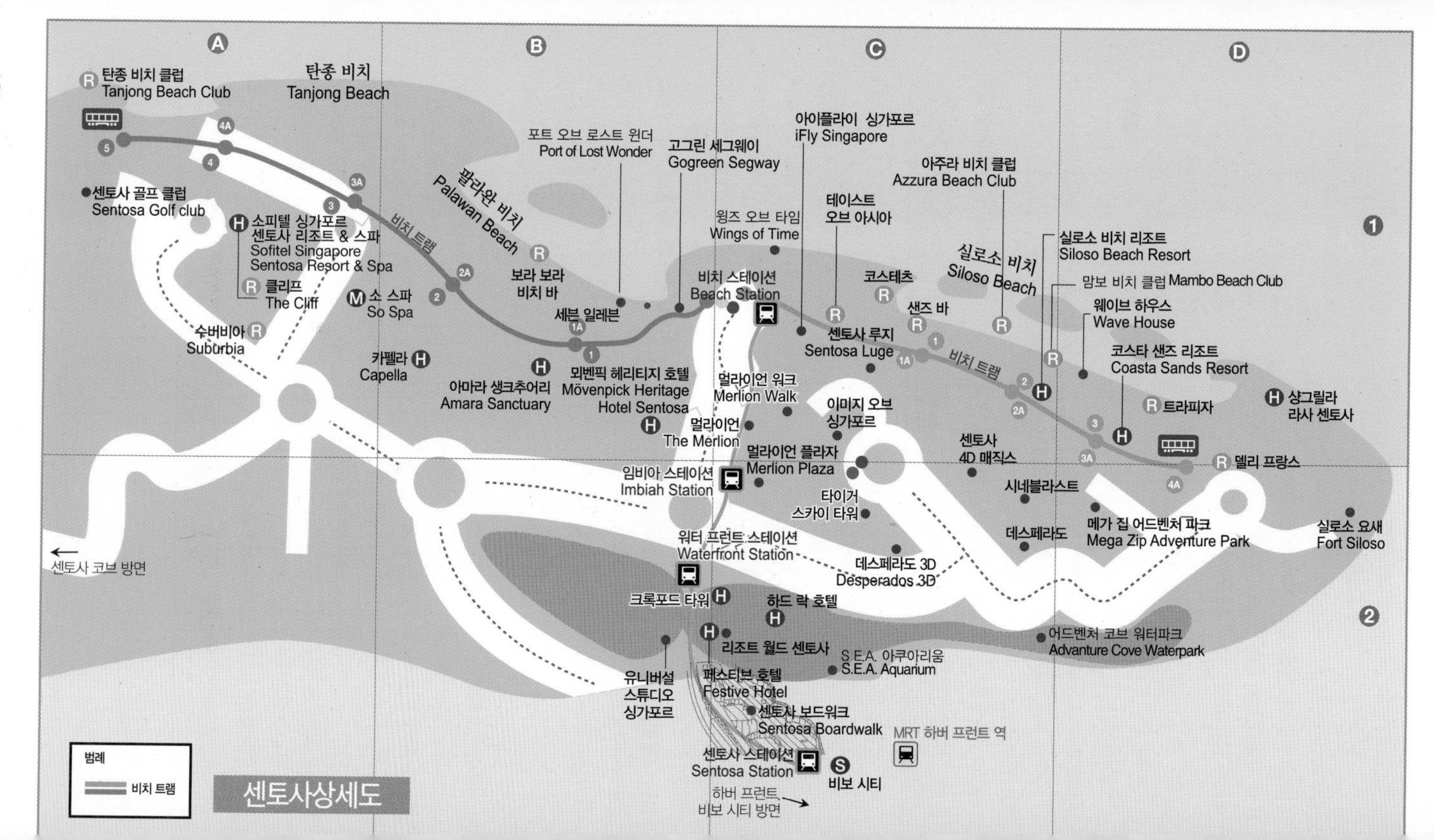
A
B
C
D
1
2
탄종 비치 클럽 Tanjong Beach Club
탄종 비치 Tanjong Beach
센토사 골프 클럽 Sentosa Golf club
소피텔 싱가포르 센토사 리조트 & 스파 Sofitel Singapore Sentosa Resort & Spa
클리프 The Cliff
소 스파 So Spa
수버비아 Suburbia
카펠라 Capella
비치 트램
팔라완 비치 Palawan Beach
보라 보라 비치 바
세븐 일레븐
아마라 생크추어리 Amara Sanctuary
뫼벤픽 헤리티지 호텔 Mövenpick Heritage Hotel Sentosa
포트 오브 로스트 원더 Port of Lost Wonder
고그린 세그웨이 Gogreen Segway
아이플라이 싱가포르 iFly Singapore
윙즈 오브 타임 Wings of Time
비치 스테이션 Beach Station
멀라이언 워크 Merlion Walk
멀라이언 The Merlion
임비아 스테이션 Imbiah Station
멀라이언 플라자 Merlion Plaza
이미지 오브 싱가포르
타이거 스카이 타워
워터 프런트 스테이션 Waterfront Station
데스페라도 3D Desperados 3D
크록포드 타워
하드 락 호텔
리조트 월드 센토사
S.E.A. 아쿠아리움 S.E.A. Aquarium
유니버설 스튜디오 싱가포르
페스티브 호텔 Festive Hotel
센토사 보드워크 Sentosa Boardwalk
MRT 하버 프런트 역
센토사 스테이션 Sentosa Station
비보 시티
하버 프런트, 비보 시티 방면
센토사 코브 방면
테이스트 오브 아시아
아주라 비치 클럽 Azzura Beach Club
코스테츠
샌즈 바
센토사 루지 Sentosa Luge
실로소 비치 Siloso Beach
실로소 비치 리조트 Siloso Beach Resort
맘보 비치 클럽 Mambo Beach Club
웨이브 하우스 Wave House
코스타 샌즈 리조트 Coasta Sands Resort
트라피자
샹그릴라 라사 센토사
센토사 4D 매직스
시네블라스트
데스페라도
메가 집 어드벤처 파크 Mega Zip Adventure Park
델리 프랑스
실로소 요새 Fort Siloso
어드벤처 코브 워터파크 Advanture Cove Waterpark
범례
비치 트램
센토사상세도

싱가포르 여행 준비

여권과 비자

1 여권 발급

여권을 처음으로 발급 받는 경우, 또는 유효기간 만료로 신규 발급 받는 경우가 있을 수 있다. 여권 신청부터 발급까지는 보통 3일 정도가 소요되며, 유효기간이 6개월 미만 남은 여권의 경우 입국을 불허하는 국가가 있으므로 미리 확인하고 재발급 받아야 한다.

여권 발급 정보

발급대상

대한민국 국적을 보유하고 있는 국민

접수처

전국 여권사무 대행기관 및 재외공관

구비서류

여권발급신청서(외교부 여권 안내 홈페이지에서 다운로드 또는 각 여권발급 접수처에 비치된 서류 수령 가능), 여권용 사진 1매(6개월 이내에 촬영한 사진. 단, 전자여권이 아닌 경우 2매), 신분증, 병역관계서류(25~37세 병역미필 남성: 국외여행 허가서, 만 18~24세 병역 미필 남성: 없음, 기타 만 18~37세 남성: 주민등록 초본 또는 병적증명서)

수수료

단수 여권 20,000원, 복수 여권 5년 4만 2,000원(24면) 또는 4만 5,000원(48면), 복수 여권 10년 5만 원(24면) 또는 5만 3,000원(48면)

2 비자 발급

국가 간 이동을 위해서는 원칙적으로 비자가 필요하다. 비자를 받기 위해서는 상대국 대사관이나 영사관을 방문해 방문국가가 요청하는 서류 및 사증 수수료를 지불해야 하며 경우에 따라서는 인터뷰도 거쳐야 한다. 다만 국가 간 협정이나 조치에 의해 무비자 입국이 가능한 국가들이 있으니 자세한 국가 정보는 외교부 홈페이지를 통해 확인하자.

외교부 홈페이지 www.passport.go.kr/new

증명서 발급

1 국제운전면허증

해외에서 렌터카를 이용하려면 국제운전면허증(www.safedriving.or.kr)을 발급받아야 한다. 신청 방법은 한국면허증, 여권, 증명사진 1장을 가지고 전국 운전면허시험장이나 가까운 경찰서로 가서 7,000원의 수수료를 내면 된다. 렌터카 이용 시에는 국제운전면허증뿐만 아니라 여권과 한국면허증을 반드시 모두 소지하고 있어야 한다.

> **Tip**
>
> 2019년 9월부터 발급되는 운전면허증 뒷면에는 소지자 이름과 생년월일 등의 개인 정보와 면허 정보가 영문으로 표기된다. 이에 따라 영국·캐나다·싱가포르 등 최소 30개국에서 이 영문 면허증을 그대로 사용할 수 있게 된다. 영문 운전면허증이 인정되는 국가 상세 내역은 도로교통공단 홈페이지를 통해 확인할 수 있다.
>
> **도로교통공단 홈페이지** www.koroad.or.kr

2 국제학생증

학생일 경우 국제학생증을 챙겨 가면 유적지, 박물관 등에서 다양한 할인 혜택을 받을 수 있다. 발급은 홈페이지를 통해 가능하며 유효 기간과 혜택에 따라 1만 7,000원~3만 4,000의 수수료를 지불하면 된다.

국제학생증 홈페이지 www.isic.co.kr

3 병무/검역 신고

병무 신고

국외여행허가증명서를 제출해야 하는 대상자라면, 사전에 병무청에서 국외여행 허가를 받고 출국 당일 법무부 출입국에 들러 서류를 내야 한다. 출국심사 시 증명서를 소지하지 않으면 출국이 지연, 또는 금지될 수 있다.

[인천공항 법무부 출입국] 전화 032-740-2500~2 **운영** 06:30~22:00

병무신고 대상자

25세 이상 병역 미필 병역의무자(영주권으로 인한 병역 연기 및 면제자 포함) 또는 현재 공익근무요원 복무자, 공중보건의사, 징병전담의사, 국제협력의사, 공익법무관, 공익수의사, 국제협력요원, 전문연구요원, 산업기능요원 등 대체복무자.

검역 신고

사전에 입국하고자 하는 국가의 검역기관 또는 한국 주재 대사관을 통해 검역 조건을 확인하고, 요구하는 조건을 준비해야 한다. 공항에 도착하면 동물·식물 수출검역실을 방문하여 수출동물 검역증명서를 신청(항공기 출발 3시간 전)하여 발급받는다.

축산관계자 출국신고센터 전화 032-740-2660~1 **운영** 09:00~18:00

필수 구비 서류

광견병 예방접종증명서(생후 90일 미만은 불필요), 건강증명서(출국일 기준 10일 이내 발급) 추가 구비 서류 광견병 항체 결과증명서, 마이크로칩 이식, 사전수입허가증명서, 부속서류 등이 필요하다.

발급수수료 1만~3만원

항공권 예약

항공권 가격은 여행 시기, 운항 스케줄, 항공편(항공사), 좌석 등급, 환승 여부, 수하물 여부, 마일리지 적립률 등에 따라 달라진다. 일단 여행 계획이 세워졌다면 가능한 빨리 항공권을 예매해야 저렴한 가격에 구할 수 있다. 스카이스캐너, 네이버항공권, 인터파크 등을 비롯한 온/오프라인 여행사와 소셜 커머스를 활용하면 보다 쉽게 항공권 가격을 비교할 수 있다.

전자항공권(e-ticket) 확인

항공권 결제가 끝나면 이메일로 전자항공권을 수령한다. 이 전자항공권은 예약번호만 알아두어도 실제 보딩패스를 발권하는 데 무리가 없으나, 만약을 대비해 출력해두는 것이 좋다.

Tip 항공권, 야무지게 예약하는 법

1 항공사 홈페이지 : 가격 비교 사이트를 주로 이용하는 여행자들이라면 항공사 홈페이지의 특가 상품을 간과하기 쉽다. 항공사에서는 출발일보다 1달, 혹은 그 이상 앞서 예약하는 이들을 위해 '얼리 버드' 상품을 내어 놓거나, 출발-도착일이 이미 정해진 특별 프로모션 상품을 왕왕 걸어둔다. 저렴한 항공권을 얻고 싶다면 항공사 SNS 계정이나 홈페이지를 자주 살필 것.

2 여행사 홈페이지 : 이른바 '땡처리' 항공권이 가장 많이 쏟아지는 플랫폼이 바로 여행사 홈페이지다. 주요 여행사 홈페이지에서 [항공] 카테고리로 들어가면 출발일이 임박한 특가 항공권을 확인할 수 있다. 이런 상품은 금세 매진되므로, 계획하고 있는 여정과 맞는 항공권이라면 주저하지 말고 예약하는 것이 좋다.

3 가격 비교 웹사이트 / 모바일 애플리케이션 : 가장 대중적인 항공권 예약 방법이다. 이때 해당 웹사이트의 모바일 애플리케이션을 활용하면 추가 할인 코드, 모바일 전용 상품 등을 통해 보다 다채로운 예약 혜택을 얻을 수 있다.

여행자 보험

사건 사고에 대처하기 힘든 해외 체류 기간 동안 여행자 보험은 여러모로 큰 힘이 되어준다. 보험 가입이 필수는 아니지만, 활동 중 상해를 입거나 물건을 도난 당하는 경우 등 불의의 사고로부터 금전적인 손실을 막을 수 있기 때문이다. 가입은 보험사 대리점이나 공항의 보험사 영업소 데스크를 직접 찾아가거나, 온라인/모바일 애플리케이션을 이용해 간단히 처리할 수 있다. 보험사에 따라 보장받을 수 있는 금액이나 보장 한도에 차이가 있으니 나에게 맞는 보험을 꼼꼼하게 따져보는 것이 좋다.

사고 발생 시 대처법

귀국 후 보험금을 청구할 때 반드시 제출해야 하는 서류는 다음과 같다.

해외 병원을 이용했을 시

진단서, 치료비 명세서 및 영수증, 처방전 및 약제비 영수증, 진료 차트 사본 등을 챙겨두자.

도난 사고 발생 시

가까운 경찰서에 가서 신고를 하고 분실 확인 증명서(Police Report)를 받아 둔다. 부주의에 의한 분실은 보상이 되지 않으므로, 해당 내용을 '도난(stolen)' 항목에 작성해야 보험금을 청구할 수 있다.

항공기 지연 시

식사비, 숙박비, 교통비와 같은 추가 비용이 보장되는 보험에 가입한 경우에는 사용한 경비의 영수증을 함께 제출해야 한다.

여행 준비물

다음은 출국을 앞둔 여행자가 반드시 챙겨야 하는 여행 준비물 체크 리스트다. 기본 준비물 항목은 반드시 챙겨야 하는 필수 물품이고, 의류 잡화 및 전자용품과 생활용품은 현지 환경과 여행자 개인 상황에 따라 알맞게 준비하면 된다.

분류	준비물	체크	분류	준비물	체크
기본 준비물	여권		의류 및 잡화	상의 및 하의	
	여권 사본			속옷 및 양말	
	항공권 E-티켓			겉옷	
	여행자보험			운동화	
	현금(현지 화폐) 및 신용카드			실내용 슬리퍼	
	국제운전면허증 또는 국제학생증 (렌터카 이용 및 학생 할인에 사용)			보조가방	
	숙소 바우처			우산	
	현지 철도 패스		전자용품	멀티플러그	
	여행 가이드북			카메라	
	여행 일정표			휴대폰	
	필기도구			각종 충전기	
	상비약		생활용품	화장품	
	세면도구 및 수건			여성용품	

공항 가는 길

여행의 관문, 인천국제공항으로 떠난다. 탑승할 항공편에 따라 목적지는 제1여객터미널과 제2여객터미널로 나뉜다. 두 터미널 간 거리가 상당하므로(자동차로 20여 분 소요) 출발 전 어떤 항공사와 터미널을 이용하는지 반드시 체크해야한다.

터미널 찾기

제1여객터미널(T1) 아시아나항공, 제주항공, 진에어, 티웨이항공, 이스타항공, 기타 외항사 취항)
제2여객터미널(T2) 대한항공, 델타항공, 에어프랑스, KLM네덜란드항공, 아에로멕시코, 알이탈리아, 중화항공, 가루다항공, 샤먼항공, 체코항공, 아에로플로트 등 취항)

자동차를 이용하는 경우

귀국 후 다시 자동차를 이용할 예정이라면, 인천국제공항 장기주차장을 이용해도 좋다. 소형차 1일 9,000원, 대형차 1일 12,000원이며 자세한 내용은 홈페이지를 통해 확인할 수 있다.
영종대교 방면
공항 입구 분기점에서 해당 터미널로 이동
인천대교 방면
공항신도시 분기점에서 해당 터미널로 이동
인천공항공사 www.airport.kr

공항리무진(서울·경기 지방버스)을 이용하는 경우

공항 도착
출발지 → 제1여객터미널 → 제2여객터미널
공항 출발
제2여객터미널 → 제1여객터미널 → 도착지
공항리무진 www.airportlimousine.co.kr

공항철도를 이용하는 경우

노선 서울역 → 공덕 → 홍대입구 → 디지털미디어시티 → 김포공항 → 계양 → 검암 → 청라 국제도시 → 영종 → 운서 → 공항화물청사 → 인천공항 1터미널 → 인천공항 2터미널
운영 일반열차 첫차 05:23, 막차 23:32(직통열차 첫차 05:20, 막차 22:40) **공항철도 홈페이지** www.arex.or.kr

무료 순환버스(터미널 간 이동)

제1터미널 → 제2터미널 15분 소요(15km) 제1터미널 3층 8번 출구에서 탑승(배차 간격 5분)
제2터미널 → 제1터미널 18분 소요(18km) 제2터미널 3층 4,5번 출구에서 탑승(배차 간격 5분)
인천공항공사 www.airport.kr

Tip 도심공항터미널에서 수속하기

서울역, 삼성동, 광명역에 위치한 도심공항터미널을 이용해 미리 탑승수속, 수화물 위탁, 출국심사에 이르는 과정을 마칠 수 있다. 다만 항공편이나 항공사 사정에 따라 이용 불가한 경우도 있으므로 사전에 홈페이지를 통해 상세 정보를 확인해야 한다.

서울역
탑승수속 05:20~19:00(대한항공은 3시간 20분 전 수속 마감) | **출국심사** 07:00~19:00
입주 항공사 대한항공, 아시아나항공, 제주항공 이스타항공, 티웨이항공, 진에어
공항철도 홈페이지 www.arex.or.kr

삼성동
탑승수속 05:20~18:30(항공기 출발 3시간 20분 전 수속 마감) | **출국심사** 05:30~18:30
입주 항공사 대한항공, 아시아나항공, 제주항공, 타이항공, 카타르항공, 싱가포르항공, 에어캐나다, 유나이티드항공, 에어프랑스, 중국동방항공, 상해항공, 중국남방항공, 델타항공, KLM네덜란드항공, 이스타항공 진에어
한국도심공항 홈페이지 www.calt.co.kr

광명역
탑승수속 06:30~19:00(대한항공은 3시간 20분 전 수속 마감) | **출국심사** 07:00~19:00
입주 항공사 대한항공, 아시아나항공, 제주항공, 티웨이항공, 에어서울, 진에어, 이스타항공
광명역 도심공항터미널 홈페이지 www.letskorail.com/ebizcom/cs/guide/terminal/terminal01.do

탑승 수속 & 출국

1 탑승 수속

공항에 도착했다면 탑승 수속(Check-in)을 시작해야 한다. 항공사 카운터에 직접 찾아가 체크인하는 것이 가장 일반적이지만, 무인단말기(키오스크)를 통해 미리 체크인을 한 뒤 셀프 체크인 전용 카운터를 이용해 수하물만 부쳐도 무방하다. 좌석을 직접 지정하고 싶다면 웹사이트나 모바일 애플리케이션을 이용해 미리 온라인 체크인을 해도 좋다(항공사마다 환경이 서로 다를 수 있다).

수하물 부치기

항공사 규정(부피, 무게 규정이 항공사마다 상이하다)에 따라 수하물을 부친다. 이때 위탁할 대형 캐리어는 부치고, 기내에서 소지할 보조가방은 챙겨 나온다. 위탁 수하물과 기내 수하물은 물품의 반입 가능 여부가 까다로우므로 아래 체크 리스트를 미리 꼼꼼히 살펴야겠다. 수하물을 부칠 때 받는 수하물표(배기지 클레임 태그 Baggage Claim Tag)는 짐을 찾을 때까지 보관해야 한다.

반입 제한 물품

기내 반입 금지 물품 인화성 물질, 창과 도검류(칼, 가위, 기타 공구, 칼 모양 장난감 포함), 100㎖ 이상의 액체, 젤, 스프레이, 기타 화장품 등 끝이 뾰족한 무기 및 날카로운 물체, 둔기, 소화기류, 권총류, 무기류, 화학물질과 인화성 물질, 총포·도검·화약류 등 단속법에 의한 금지 물품

위탁 금지 수하물 보조배터리를 비롯한 각종 배터리, 가연성 물질, 인화성 물질, 유가증권, 귀금속 등(따라서 배터리, 귀금속, 현금 등 긴요한 물품은 기내 수하물로 반입하면 된다)

2 환전/로밍

환전

여행 중에는 소액이라도 현지 화폐를 비상금 명목으로 지니고 있는 것이 좋다. 따라서 환전은 여행 전 반드시 준비해야 하는 과정이다. 주요 통화가 쓰이는 경우는 물론, 현지에서 환전해야 하는 경우에도 미리 달러화를 준비해야 하기 때문이다. 환전은 시내 은행, 인천국제공항 내 은행 영업소, 온라인 뱅킹과 모바일 앱을 통해 처리할 수 있다. 자세한 방법은 p.018을 참고한다.

로밍

국내 통신사 자동 로밍을 이용하면 자신의 휴대전화 번호를 그대로 해외에서 사용할 수 있다. 경

우에 따라서는 현지 선불 유심을 구입하거나, 포켓 와이파이를 대여하는 것이 보다 합리적이다.

3 출국 수속

보딩패스와 여권을 확인 받았다면 이제 출국장으로 들어선다. 만약 도심공항터미널에서 출국심사를 마쳤다면 전용 게이트를 통해 들어가면 된다(외교관, 장애인, 휠체어이용자, 경제인카드 소지자들도 별도의 심사대를 통해 출입국 심사를 받을 수 있다).

보안검색

모든 액체, 젤류는 100㎖ 이하로 1인당 1L이하의 지퍼락 비닐봉투 1개만 기내 반입이 허용된다. 투명 지퍼락의 크기는 가로·세로 20cm로 제한되며 보안 검색 전에 다른 짐과 분리하여 검색요원에게 제시해야한다. 시내 면세점에서 구입한 제품의 경우 면세점에서 제공받은 투명 봉인봉투 또는 국제표준방식으로 제조된 훼손 탐지 가능봉투로 봉인된 경우 반입이 가능하다. 비행 중 이용할 영유아 음식류나 의사의 처방전이 있는 모든 의약품의 경우도 반입이 가능하다.

출국 심사

검색대를 통과하면 출국 심사대에 닿는다. 심사관에게 여권과 보딩 패스를 제시하고 허가를 받으면 출국장으로 진입할 수 있는데, 이때 19세 이상 국민은 사전등록 절차 없이 자동출입국 심사대를 이용할 수 있다(만 7세~만 18세 미성년자의 경우 부모 동의 및 가족관계 확인 서류 제출). 개명이나 생년월일 변경 등의 인적 사항이 변경된 경우, 주민등록증 발급 후 30년이 경과된 국민의 경우 법무부 자동출입국심사 등록센터를 통해 사전등록 후 이용 가능하다.

면세 구역 통과 및 탑승

면세 구역에서 구입한 물품 중 귀중품 및 고가의 물품, 수출 신고가 된 물품, 1만USD를 초과하는 외화 또는 원화, 내국세 환급대상(Tax Refund) 물품의 경우 세관 신고가 필수다. 탑승을 하기 위해서는 출발 40분 전까지 보딩 패스에 적힌 탑승구(gate)에 도착해 대기해야 한다. 제1여객터미널의 경우 여객터미널(1~50번)과 탑승동(101~132번)으로 탑승 게이트가 나뉘어 있다. 탑승동으로 가기 위해서는 셔틀 트레인을 이용해야 하므로 시간을 넉넉히 잡아야 한다. 제2여객터미널은 3층 출국장에 230~270번 게이트가 위치해 있다.

Tip 공항 내 주요 시설

긴급여권발급 영사민원서비스

여권의 자체 결함(신원정보지 이탈 및 재봉선 분리 등) 또는 여권사무기관의 행정착오로 여권이 잘못 발급된 사실을 출국이 임박한 때에 발견하여 여권 재발급이 필요한 경우 단수여권을 발급받을 수 있다. 단, 여권발급신청서, 신분증(주민등록증, 유효한 운전면허증, 유효한 여권), 여권용 사진 2매, 최근 여권, 신청사유서, 당일 항공권, 긴급성 증빙서류(출장명령서, 초청장, 계약서, 의사 소견서, 진단서 등) 등 제출 요건을 갖춰야 한다.

위치 [제1여객터미널] 3층 출국장 F카운터, [제2여객터미널] 2층 중앙홀 정부종합행정센터
전화 032-740-2777~8 **운영시간** 09:00~18:00 (토, 일 근무, 법정공휴일은 휴무)

인하대학교병원 공항의료센터

위치 [제1여객터미널] 지하 1층 동편, [제2여객터미널] 지하 1층 서편 **전화** 032-743-3119 **운영시간** 08:30~17:30 (토 09:00~15:00, 일요일 휴무)

유실물센터

T1 위치 지하 1층 서편 **전화** 032-741-3110 **운영시간** 07:00~22:00
T2 위치 2층 정부종합행정센터 **전화** 032-741-8988 **운영시간** 07:00~22:00

수화물보관/택배서비스

CJ대한통운 위치 T1 3층 B체크인 카운터 부근 **전화** 032-743-5306
한진택배 위치 T1 3층 N체크인 카운터 부근 **전화** 032-743-5800
한진택배 위치 T2 3층 H체크인 카운터 부근 **전화** 032-743-5835

위급상황 대처법

1 공항에서 수하물을 분실했을 때

공항 내에서 수하물에 대한 책임 및 배상은 해당 항공사에 있기 때문에, 수하물 분실 시 공항 내 해당 항공사를 찾아가야 한다. 화물인수증(Claim Tag)을 제시한 후 분실신고서를 작성하면 된다. 단, 공항 밖에서 수하물을 분실한 경우는 항공사에 책임이 없으므로, 현지 경찰에 신고해야 한다. 물건 분실 및 도난이 발생했을 때를 참조한다.

2 물건 분실 및 도난이 발생했을 때

분실 신고 시 신분 확인이 필수이므로, 여권을 지참해야 한다. 여행 전 가입해 둔 여행자보험을 통해 보상을 받기 위해서는 현지 경찰서에서 작성해 주는 분실 확인 증명서(Police Report)을 꼭 챙겨야 한다. 현지어가 원활하지 못해 의사소통이 힘들 경우엔 외교부 영사콜센터의 통역 서비스를 이용하면 편리하다(영어, 중국어, 일본어, 베트남어, 프랑스어, 러시아어, 스페인어 등 7개 국어 지원).

여권 분실

현지 경찰서에서 분실 확인 증명서(Police Report)을 받은 후, 대한민국 대사관 또는 총영사관으로 가서 분실 신고를 한다. 여권 재발급(귀국 날짜가 여유 있는 경우 발급에 1~2주 소요) 또는 여행 증명서(귀국일이 얼마 남지 않은 경우 바로 발급 가능)를 받으면 된다. 주로 바로 발급되는 여행 증명서를 신청한다.

신용카드 및 현금 분실(또는 도난)

특히 해외에서 신용카드 분실 시 위·변조 위험이 높으므로, 가장 먼저 해당 카드사에 전화하여 카드를 정지시키고 분실 신고를 해야 한다. 혹여 부정적으로 카드가 사용된 것이 확인될 경우, 현지 경찰서에서 분실 확인 증명서(Police Report)을 받아 귀국 후 카드사에 제출해야 한다. 해외여행 시 잠시 한도를 낮춰 두거나 결제 알림 문자서비스를 이용하는 것도 예방 방법 중 하나다.
급하게 현금이 필요한 상황이라면, 외교부의 신속해외송금제도를 이용해보자. 국내에 있는 사람이 외교부 계좌로 돈을 입금하면 현지 대사관 또는 총영사관을 통해 현지 화폐로 전달하는 제도다. 1회에 한하며, 미화 기준 $3,000 이하만 가능하다.

홈페이지 외교부 신속해외송금제도 www.0404.go.kr/callcenter/overseas_remittance.jsp

휴대폰 분실

해당 통신사별 고객센터로 전화하여 분실 신고를 한다.

전화 SKT +82-2-6343-9000, KT +82-2-2190-0901, LGU+ +82-2-3416-7010

갑작스러운 부상 또는 여행 중 아플 때

현지 병원에서 진료를 받게 되면 국내 건강 보험이 적용되지 않아 상당 금액의 진료비가 청구된다. 이런 경우를 대비해 반드시 여행자보험을 가입하고 여행을 떠나는 것이 좋다.

긴급 연락처

긴급 전화 110

대한민국 영사콜센터

해외에서 대한민국 국민이 위급한 상황에 처했을 경우 도움을 주기 위해 대한민국 정부에서 운영하는 24시간 전화 상담 서비스. 연중무휴로 운영된다.

전화 [국내 발신] 02-3210-0404, [해외 발신] 자동 로밍 시 +82-2-3210-0404, 유선전화 또는 로밍이 되지 않은 전화일 경우 현지국제전화코드 + 800-2100-0404 / + 800-2100-1304(무료), 현지국제전화 코드 + 82-2-3210-0404(유료)

주 싱가포르 대한민국 대사관

주소 #16-03, Goldbell Towers, 47 Scotts Road, Singapore **전화** 6256-1188 **팩스** 6258-3302 **홈페이지** sgp.mofat.go.kr **운영** 월~금요일 09:00~12:30, 14:00~16:30 **휴무** 토 · 일요일 · 공휴일 **가는 방법** MRT Newton 역 A번 출구에서 도보 2분, 쉐라톤 호텔 옆 골드벨 타워 16층에 있다.

Index

Best friends 베스트 프렌즈 시리즈 2

베스트 프렌즈
싱가포르

발행일 | 초판 1쇄 2019년 11월 5일

글 · 사진 | 박진주

발행인 | 이상언
제작총괄 | 이정아
편집장 | 손혜린
기획 | 프렌즈 편집부
편집 | 김민경, 한혜선
표지 디자인 | ALL designgroup
내지 디자인 | 김미연, 변바희, 양재연, 정원경

발행처 | 중앙일보플러스(주)
주소 | (04517) 서울시 중구 통일로 86 바비엥3 4층
등록 | 2008년 1월 25일 제2014-000178호
판매 | 1588-0950
제작 | (02) 6416-3922
홈페이지 | www.joongangbooks.co.kr
네이버 포스트 | post.naver.com/joongangbooks

ISBN 978-89-278-1054-4 14980
ISBN 978-89-278-1051-3(set)

중앙북스는 중앙일보플러스(주)의 단행본 출판 브랜드입니다.

지역별 프렌즈 시리즈

아시아

01 프렌즈 홍콩·마카오
03 프렌즈 베이징
05 프렌즈 방콕
06 프렌즈 타이완
11 프렌즈 인도·네팔
14 프렌즈 베트남
16 프렌즈 태국
19 프렌즈 싱가포르
21 프렌즈 라오스
23 프렌즈 미얀마
26 프렌즈 말레이시아
28 프렌즈 다낭
31 프렌즈 스리랑카

일본

09 프렌즈 오키나와
25 프렌즈 오사카
27 프렌즈 도쿄
30 프렌즈 홋카이도
33 프렌즈 후쿠오카

미국·캐나다

04 프렌즈 뉴욕
13 프렌즈 하와이
22 프렌즈 미국 서부
24 프렌즈 미국 동부
32 프렌즈 괌
35 프렌즈 캐나다 new

유럽

02 프렌즈 유럽
08 프렌즈 동유럽
10 프렌즈 스페인·포르투갈
12 프렌즈 독일
15 프렌즈 파리
17 프렌즈 크로아티아
18 프렌즈 이탈리아
20 프렌즈 런던
34 프렌즈 러시아 new

중동

07 프렌즈 터키
29 프렌드 두바이

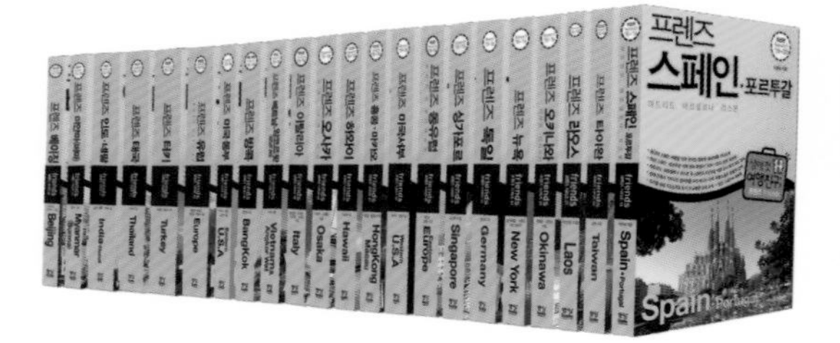

최고의 휴가를 위한 스마트 가이드북

베스트 프렌즈

BEST FRIENDS 시리즈

프렌즈 시리즈에서 가려 뽑은

최고의 볼거리, 먹거리, 즐길 거리, 그리고

정확하게 담아낸 지도, 노선도, 각종 여행 데이터까지!

당신의 짧은 휴가를 위한 최고의 여행친구가 되어줄 것입니다.

값 11,000원

ISBN 978-89-278-1054-4
ISBN 978-89-278-1051-3(세트)